寿スピリッツの超絶経営

鳥取の
下請菓子工場
から

プレミアム
ギフトスイーツ
業界トップへ

寿スピリッツ株式会社 代表取締役社長
河越誠剛〔著〕
SEIGO KAWAGOE

JN113243

マネジメント社

まえがき

お元氣様です！

寿スピリッツグループは「全員参画の超現場主義」の経営を実践しています。

創業以来70年、経営理念「喜びを創り 喜びを提供する」、社是「感謝と報恩。創意と工夫。本氣と誠実。」の実現を追求し続けた結果、国内外17の菓子製造・小売・卸売販売の会社を統括するプレミアムギフトスイーツ業界のトップ企業へと成長しました。

「全員参画」――新卒入社であろうと中途入社であろうと、寿スピリッツグループに入社した瞬間から、誰もが経営に参画します。「新入社員がその日から経営参加できるわけがない」と否定する方もいらっしゃるでしょう。もちろん、財務分析をして、翌年の経営計画を立てるようなことはできません。しかし、一人ひとりの社員には頭脳があり強力なエンジンが付いています。入社当日から頭と体を使い考働（考えて働く）することができます。創業者魂をもって新たな価値を創り出していくことが可能なのです。

「超現場主義」――多くの会社は「本部（本社）が頭で製造工場や販売店などの現場は体」という考え方をしています。方針を決めるのは本部で、現場は本部が決めたことを実行するという「本部主義」です。しかし「考える本部」「実行する現場」は、現場の意識を貧困化し現場力を奪い取ります。受け身の働き方が常態の現場では、現場の頭脳とエンジンを使う必要がなくなり、いつの間にか錆びついてしまいます。現場の意見を聞かず机上の計画を押し付けている会社は、人も組織もシンカしません。

ところが、日本の企業のほとんどが程度の差こそあれ本部主義なのです。その意味では寿スピリッツグループのほうが異形の経営をしているのかもしれませんが、全員参画の超現場主義の経営が〝超絶〟な結果をもたらしていることは事実です。地方都市の鳥取県米子市に創業した小さな下請菓子工場を東証プライム上場企業にし、プレミアムギフトスイーツ業界トップの座に押し上げた原動力は、まさにこの経営形態によるのです。

「全員参画」の具体的方法は「超現場主義」です。つまり「全員参画」と「超現場主義」は表裏の関係なのです。「全員参画」の共通認識がないと「超現場主義」は成り立ちません。逆に「超現場主義」の実践がないと、「全員参画」は成り立ちません。

「超現場主義」の大前提は、「考える人とやる人」「頭と体」が一体であることです。したがって、一人ひとりが経営者の意識をもって考働することで「全員参画の超現場主義」の経営理念が貫かれるのです。

寿スピリッツグループのデシジョンメーキング（意思決定）では、最小のプロフィット部門の長――販売部門でいえば店長（現場長）――の意見を最優先します。現場が考え、現場が決めて、現場が実行する。ほとんどのことは現場で解決します。グループの大方針は代表取締役が決めますが、大方針に基づいた具体的な方法論は各社、各現場が考え、決断実行します。そのため現場長は否応なく経営者感覚を身に付けるのです。

「全員参画の超現場主義」から必然的に生まれたものに、「成功事例の共有」があります。通常、会社の会議は「決定会議」と「伝達会議」ですが、当社の場合は、情報を共有する「伝達会議」がほとんどです。各社の店長会議はほぼ毎回、成功例、失敗例の情報共有会議となり、店のことは店長が、部のことは部長、会社のことは社長が決めるので「決定会議」を開く必要性がほとんどないのです。

現場から問題や課題があがってきた場合、普通は社長を中心とした幹部が解決策を決めて伝達するでしょう。「全員参画の超現場主義」ではそんな上意下達的な方法はとらず、双方向で問題解決に当たります。問題点をあげてくる現場も「どうしたらいいか？」と、解決策を委ねてくるのではなく、「こういう問題があります。このように解決しようと念いますがどうでしょうか？」と解決策を考えたうえで相談してきます。これはグループ内共通の社風として定着しています。

成功事例の共有に関しては強いこだわりがあります。一つの成功事例を取り上げ「さあ皆、この成功事例と同じことをやろう」と指示することはしません。それは成功事例の共有ではなく、真似にすぎないからです。店によってお客様も違う、ライバル店舗も違う、お客様の購買目的も価格帯も違います。売る側も各店で違うのに、「同じこと」をやっても意味がありません。場合によっては逆効果になることもあります。

そこで寿スピリッツグループでは、成功事例を各社、各店舗、各部門で有効に活かすために「WSR成功サイクル」という独自の概念を掲げています。詳しくは第6章で説明しますが、他社、他店舗の成功事例を共有した後、それを自分の現場にふさわしいものにシンカさせる努力をします。つまり、成功事例を分析し、改善点、修正点を考えて、方針が決まったらスピード感をもって実行する。そんな「WSR成功サイクル」を実行し、回していくことで、グループ全体の底上げを図っています。

最近のスーパーマーケットやコンビニエンスストアは、いかに人手をかけないで商品を売るかに専念しているようです。お客様が自分で商品のバーコードをスキャナーにかざして代金を支払い、マイバッグに商品を入れて出ていく——こうした商品購入の一連の作業に店員が介在しないシステムは「小売業者の接客放棄」に他なりません。

これはお店ではありません。接客業でもありません。ただの物販装置、物販場所の提供者です。しかも昨今、仕入価格が高騰したという理由で、多くの業界で販売価格の値上げがなされています。これはとんでもないことです。

お客様にとって、仕入価格の高騰、原材料、燃料代の高騰などは関係ありません。お客様にとっては、商品価値と売価のバランスがとれているかどうかが問題なのです。「安かろう悪かろう」は最悪ですが、商品価値と売価が見合っていればお客様は値上げしても満足します。しかし、商品価値はそのままにしておいて「原材料が高くなったから値上げします」では納得できません。

寿スピリッツグループは、頻繁に値上げ＝価格改定をしています。他社との大きな違いは、「商品価値をより高めた結果の値上げ」です。価格改定した商品の価値をお客様が認めてくださるかどうか、そのせめぎ合いを毎日しています。

その意味で寿スピリッツグループは「いつでも値上げする会社」です。あえて高い売価を設定し、それよりもさらに高い価値を創造して提供し、お客様に新たな満足を味わっていただきたいからです。お客様が満足され、その結果、社員も会社も豊かになっていきます。

価格改定後、お客様が満足されなかったら販売個数は確実に減りますが、値上げした後の売上減という事態はほとんどありません。お菓子そのものの味と品質の向上はもちろん、パッケージや売り方、接客方法も含めた全ジャンル、トータルの品質向上を実現しているからです。

寿スピリッツグループの純粋持株会社である寿スピリッツ株式会社の株式時価総額は2405億円（2022年12月30日終値時点）となり、プレミアムギフトスイーツ業界のトップです。当社の売上ランキングは菓子業界で12位ですが、時価総額は最大手に匹敵する大きさです。

証券アナリストは企業業績を現状ではなく将来性で見ます。コロナ禍の影響で大きなマイナスはありましたが、「これから旅行土産、贈り物の需要が増える。インバウンド需要も復活する。したがって寿スピリッツグループはさらに成長するだろう」と市場が見ているのです。

寿スピリッツグループはこのように証券市場からも評価されていますが、2020年1月のコロナ直撃で、一時は会社存続を危惧される状況に追い込まれました。しかし、売上激減の惨状のなかでも、社員のモチベーションは高く、コロナ禍で自宅待機中も「新たなお客様に訴求していく方法はないか」「新しい販売チャネルがあるはずだ」と、現場からさまざまなアイデアと新しい発想が生まれてきたのです。

もちろん、こうした現象は経営者である私や幹部社員からの上意下達的な指導によるものではありません。「全員参画の超現場主義」を日夜実践してきた現場から噴き出してきたものです。

本書は、コロナ禍を克服した寿スピリッツの経営理念と社員の実践を広く多くの方々に知っていただきたく出版に至りました。私自身、「全員参画の超現場主義」はカオス（混乱）の時代の一つの羅針盤になりえると念っています。日々現場力を研ぎすましている同志の汗と涙の物語を公開することで、寿スピリッツを育んでくださった世の中へささやかな恩返しができたら幸いです。

2023年2月1日

寿スピリッツ株式会社

代表取締役社長　河越誠剛

「言葉は言霊」――寿スピリッツのこだわり

寿スピリッツグループには冒頭の「お元氣様です」のように、グループ内で特定の言葉を定義して日常的に使っています。読者の皆様にその趣旨を知っていただくために、本書でも「寿言葉」「寿表記」をそのまま使います。

言葉は言霊《ことだま》、言葉が心の持ち様を決めます。お互いに「お疲れ様」と言い合っても疲れが取れるわけではないし、新たなエネルギーが湧き上がってくるわけではありません。マイナス因子の言葉は自分の氣持ちをマイナスに導いてしまいます。だから寿スピリッツグループのあいさつ言葉は「お元氣様です」なのです。

○**同志**：幹部を含め共に働く人を同士ではなく「同志」と表記します。

○**志事**：仕事は「志事」。「自分がやっていることは人々の役に立つ、人々の幸せになるとの志をもって働くことが大切だ」という考えです。

○**考働**：行動は「考働」。「どんな志事もただ漫然とするのではなく、多角的に考えながら働くことが大切だ」と考えています。また、働くは、「ハタ

（傍《はた》、まわりの人）」を「ラク（楽）」にするという意味もあります。自分が率先して働くことで、まわりの同志が〝助かる〟ことです。

○念い：思いや想いを「念い」と表記することが多い。

○シンカ

新化：新しく変わること。新商品、新人、新ビジネスモデルを指す。

深化：物事を深めていくこと。既存商品をさらに改良してよくすること。物事を深化させていくと、さらに「進化」「真化」します。

進化：進化は成長発展です。既存商品のバージョンアップなどに使う。

真化：ゆるぎない本物商品、確固たる方法など。

※キツイてる：きついこと、厳しい状況のことを「キツイてる」と言うことがあります。きついこと、厳しい状況は自分が成長していくための試練であり、これは「ツイている」ことなんだと前向きに捉えていこうとする意識のことです。同様に「アツイてる」（暑い日など）を使うこともあります。

寿スピリッツの超絶経営——目次

第2章 ピンチはチャンス！

第3章 コロナ禍での「寿シンカ論」

第4章　現場力を最大化する

第5章　成功のカギは「寿メソッド」

プロローグ

コロナ戒厳令下の超現場主義

超現場主義のリアル（三つの事例）

コロナショックのなか、日本全国、中小零細から大企業まで経費の節減を図りました。この危機を乗り越えるには、「入るを量りて出ずるを為す」しか道はないからです。感染症収束の先が見えないのですから、「ここは一時的にしゃがんで力を蓄えよう」という考えです。

それは取引関係がある各社も同じです。節減が限界点に達したら値上げで切り抜けるしかありません。コロナ禍以降、材料を供給してくれている取引先から「値上げ要請」が相次ぎました。

例えば寿スピリッツグループの中核会社の一つである株式会社シュクレイには、保冷剤メーカーから「1個50銭」の値上げ要請がありました。ロジスティック部の資材担当Sさんは保冷剤50銭の値上げにどう対処できるかと真剣に考え、毎日毎日インターネットで取引先を探したり、電話をしました。やっと1社見つかったとき、上司に「部長、見つかりました！」と笑顔で報告したそうです。先方は赤字覚悟で引き受けようと考えていました。そのとき、Sさんはどうしたか。「仕入れ先が赤字なのに、自分たちだけが得をしていいのだろうか」と自問自答したのです。

以下、2022年1月18日、東京・浜松町コンベンションセンターホールにおいて開催された「寿スピリッツグループ　第17回こづち発表全国大会」から、「全員参画の超現場主義」にふさわしい事例を紹介します。

発表者は、『こづち』（経営理念手帳）の一項目を読み上げ、自らの現場体験を話します。まずはプロローグで、コロナ禍の下での現場の知恵と努力の成果を聞いてください。

『こづち』は寿スピリッツグループのバイブル。経営哲学を解説した冊子で、社内のプロジェクトチームが作成した。2003年に第一版を、2011年に第6章「関連会社の社長として必要な考え方」を加えた第二版を発行、社員は就業中、常に携帯している。

毎朝、各職場で行なわれる朝礼「こづち朝礼」で手帳に記された経営理念・社是・経営信条を読み上げる。指名されたその日の朝礼リーダーは『こづち』の一項目を読み上げ、自分自身の現場体験と目標を皆の前で表明する。

この朝礼の集大成が、1年に1回行なわれる「こづち発表全国大会」である。「寿スピリッツグループ総決起大会」と題した一大イベントで、各社から予選を勝ち抜いた精鋭が「経営理念の実践」による成果とプロセスを発表し、全同志が共有し、さらなる大きな成果を生み出していくことを目的に開催している。

「他幸生自幸」の理念を実践

株式会社シュクレイ　ロジスティック課
サブリーダー　Sさん

「他幸生自幸」――これは（創業者の）河越庄市前会長が信条とされていた言葉で、人の幸せを願い考働することが自身の幸せになるという意味です。

私はこの言葉の意味を、この一年を通して触れることとなり、まわりや関係する人達の幸せが、自分の幸せにつながるということを実感することができました。

そのきっかけとなったエピソードを発表します。

一昨年（2021年）もコロナ不況により、キツイ状況が続くなか、私の役割の一つとして、コロナ状況下における資材管理、資材コストの見直しがありました。社内ではコスト削減プロジェクトも立ち上がり、ロジスティクス部門として何とか貢献しようと糸口を模索している最中、逆に仕入先様からの価格値上げの連絡。これまで長くお付き合いいただいている仕入先様には、生産ロットの増減があってもコロナ禍でも、なんとか単価を据え置いてくださるよう協力をお願いしていました。

しかし、当然ながらすべての仕入先様から同じ回答をいただけるわけもなく、ある保冷剤の仕入先様から、現状の価格では取引継続が困難であると、事実上の白旗を宣言されました。

その仕入先様からは、市場価格を下回る価格で提供していただいておりました。しかし、コロナによって想定された供給量に見合うことができず、段階的に値上げをさせてほしいと連絡を受け、最終的には1個当たり50銭の値上げ提示を受けました。わずかな数字かもしれませんが、積み重なるとけっして小さくないのです。

この単価提示を現行単価と比較すると、年間35万円以上のコストアップとなってしまいます。同志が必死になって1円でも2円でもコストを下げようと動いているなかで、私はこの状況を同志に伝えることができず、コストは下げられずとも、なんとかコスト維持につなげようと新たな保冷剤メーカーの模索へと舵を切りました。

まず、寿スピリッツのグループ各社に保冷剤の仕入単価を相談したところ、やはりどの会社も現行単価より高い金額で仕入れておりました。次に仕入で付き合いのあるN社様をはじめ他数社に相談をするも、よい回答は得られず、半ば35万円のコストアップを飲むことも覚悟しましたが、最後の手段として、一から自分で新しい仕入先を探そうと、ネットに掲載されている保冷剤メーカーのアポイントリストを作成し、1件1件電話をかけました。

電話をかけ続けるも、どの会社様も希望単価の話になると、「本氣ですか？」と笑う人もいれば、特値を出しても難しいなど、さらに市場相場の現実を突きつけられました。

しかし、やれるところまでやろうと終始諦めず20件以上電話をかけ続け、営業終わりであろう午後5時近くに、ある1件の会社様社長と直接つながり、念いを伝えた結果、是非その単価でやらせてくださいと、笑いもせず、声を濁らせることもなく、氣持ちのよい返答をいただきました。

早速その新しい仕入先様・E社様と打ち合わせを始め、取引にあたり状況を確認したところ、「提示額での取引は赤字ですが、御社とお付き合いすることにより、取引実績として信頼性の高い宣伝効果になるので、多少の赤字でも是非やりたい」とおっしゃったのです。

しかし、ここで致命的な問題として、この取引を進めてしまうと、E社様は我々に供給すれば供給するだけ赤字になり、シュクレイのみが一方的な黒字取引になってしまう。片方のみが得をする取引では、長期的な関係性を築いていくことが難しく、いずれまた白旗をあげられるかもしれない。

この状況で、どうすれば取引ができるのか。そう悩んでいた頃に、上司のFマネージャーはすでに動いてくれていました。

Fマネージャーは自社の利益追求だけではなく、E社様の保冷剤原価コストを下げるという、まったく別の視点から、取引を可能にするべく提案したのです。

この提案にE社様は快くご賛同いただき、自社の保冷剤にかかわるすべての原価をご提示いただき、それぞれの原価をなんとか下げることはできないか、何度も何度も検討に検討を重ねた結果、「保冷剤の原紙フィルム、梱包に使用するダンボールなら削減の余地があるのではないか！」ということになりました。

その結論に至り、即その場で我々と付き合いのあるフィルム、ダンボール両メーカー様へ連絡をとりました。

両メーカー様に事の経緯を説明し、なんとかご協力いただけないか依頼をしたところ、「是非紹介してください」と前向きな返答をいただきました。後日、貴重な時間を割いて、E社様の生産工場へ直接同行していただきました。そして何度か打ち合わせを重ね、原価計算のシミュレーションや出荷フローの見直し、サンプルテストを何度も繰り返した結果、E社様へ最適な材料をなんとかもとの原価より安い価格で提供していただけることになったのです。

その結果、E社様は原価コスト削減に大きくつながり、赤字取引になることなく取引契約を結ぶことが可能となりました。

また、我々も35万円のコストアップを避けることができ、なおかつE社様に生産移管後は、シュクレイロゴが印刷されたオリジナル保冷剤へと、さらにシンカできたのです。

ようやく取引のスタートラインに立てた頃、この取引はまさしく当社グループの社是にもある「感謝と報恩」そのものであると実感しました。

自社の利益追求のみを考えていたら、今回のスタートラインに立つことはできませんでした。しかし、視点を変え、周囲の人がどうしたら幸せになれるのか。その方法をE社様やフィルムメーカー様、ダンボールメーカー様全員が同じ方向を向き、知恵を出し合い、必死に考働した結果、今回の取引契約につながったのです。

周囲の協力、周囲の幸せこそが、最善の成果を生み、そして、自身の幸せにつながるということを、この経験を通して実感しました。

この成功体験を今後に活かすべく、仕入先様とより良好な関係性を構築し、来期こそ、年間500万円のコスト削減を必達し、店舗の同志をより安心、信頼のおけるロジスティック課へとシンカさせることを私の決意として発表を終了致します。

三方一両得

「他幸生自幸」という創業者・河越庄市の理念を貫いたSさんの考働は、『こづち』に書かれている経営哲学の一節そのものです。

なんとか先方が黒字になるように努力した結果、山梨の業者さんからは「われわれの考え方も変わりました。シュクレイさんと取引ができて本当によかったと念っています」とお礼の電話をいただいたそうです。

寿スピリッツの経営理念は、「喜びを創り 喜びを提供する」、社是は「感謝と報恩。創意と工夫。本氣と誠実。」です。これを日々の志事で裏打ちしているのが「全員参画の超現場主義」ですが、それが未曽有の経営危機を招いたコロナ禍で実践されたことに、超現場主義の成果と浸透を感じます。『こづち』では次のように解説しています。

私達は、社会の一員として常に貢献していく会社でありたいと願っています。私達は、仕入先、得意先、直接購入していただく顧客、銀行、株主、あるいは地域の方など、多くの方々との関係をもっています。

どちらか一方のみ儲かって、もう一方は損をするというのでは、長続きしません。共に栄えていくことが大切なのです。特に仕入先に対しては、一方的にこちらの都合ばかりを押しつけ、無理難題ばかり言っていてはよい関係を創っていけません。どんなときにも、まず納得していただくことが大切なのです。

また、販売していただく得意先へは適正な利潤を上げていただくことは大切ですが、一方的な価格交渉を受け、相手だけが利益を享受するようでは取引が長続きしません。しっかりと話し合い、共に適正な利潤を確保することが大切なのです。売り手、買い手、世の中の三方にとって、共に喜べる関係を創っていきましょう。

Sさんは低価格で提供してくれる保冷剤メーカーを探しただけでなく、上司の協力を得て、保冷剤メーカーの収益に貢献できるようにフィルムメーカー、配送用段ボール会社、運送会社などと徹底的に話し合い、「三方一両得」の結果を創り出しました。

コロナ禍や円安をきっかけに値上げラッシュが続いています。まるで「赤信号、みんなで渡れば怖くない」のギャグのように、原材料から包装紙までここぞとばかりの値上げです。

しかし、寿スピリッツは原料価格が高騰したとか、人件費などの諸費用が増大したとかいう理由では値上げ＝価格改定はしません。あくまで「前よりもグンと美味しくなった！」「こんなお菓子初めて！」とお客様が感動してくださる商品力の改善が大前提で、価格改定はそのためにかかる経費を計算したうえでのものです。

看板商品の値上げに対応した現場力

次の事例、寿製菓株式会社のシンボル的拠点「お菓子の壽城」の目玉商品「栃餅」のリニューアルと価格改定も、コロナ禍でそうした考えから断行されましたが、現場の販売担当者には相当なプレッシャーがかかります。

長年親しんでくださっている多くの栃餅ファンにどう喜んでもらえるか、現場は新商品の魅力の周知やディスプレイの工夫などありとあらゆる努力をしました。その結果、現場力によって販売にかかわる同志の士氣を高め、十分な準備をして、見事目標を達成しました。この成功事例は壽城を大きく変え、グループ全体に活氣をもたらしました。

緊急事態宣言による休業を逆手にとって

寿製菓株式会社　壽城販売課
副リーダー　Wさん

２０２１年10月30日、鳥取県米子市にある「お菓子の壽城」の銘菓「赤栃」をリニューアルしました。年々栃餅の売上が下がっていて、壽城復活のために必要なチャレンヂでした。

壽城の名物は何と言っても「白栃」と「赤栃」です。壽城オープン当初からメイン商品として売上を牽引してきた「こし餡の赤栃」を、「つぶ餡」にして大丈夫なのかと、とても不安になりました。

試作段階では、つぶ餡の水分が多くて水っぽく、こし餡の味を越えるにはほど遠く、お客様が離れてしまうのではないか。さらに、8個入り８５０円、12個入り１２００円だった商品を、４個入り７００円、8個入り１３５０円に変更し、１個当たりの単価が上がることで、お客様が４個入り７００円に流れ、客単価が下がってしまうのではないか。マイナス要素ばかり考えていました。

しかし、何事にもチャレンヂしていくという寿スピリッツグループの一員として、現状維持で満足してはいけない。「さらにシンカするためにどうしたらよいのか」「何が何でもやるんだ」との氣持ちでプラスに切り替えました。

お客様に美味しさをアピールするためにどう伝えていくか、販売方法はどうするかなど、コロナ禍で集客が減少するなか、発売の時期を慎重に検討していたため、しっかりと準備期間がとれ、その都度同志と話し合うことができました。

何度かの試作の後、完成した「赤栃」は本当に美味しく、小豆1粒1粒がしっかりしていて、餡の中の栃餅も軟らかく、栃の実がほどよく餡に馴染んでいました。そして、私が一番の熱狂的なファンになり、まわりを巻き込んでいこうと決意しました。

緊急事態宣言も徐々に解除され、壽城も21年10月から季節イベントを再開しました。壽城の一大イベントとして10月から開催した「ハロウィンイベント」のなかで、「赤栃」のリニューアルをより多くのお客様に知っていただけるよう、売店では、白栃購入のお客様に「赤栃リニューアル」のチラシを配布しました。そして、地元のお客様にもっと知っていただくチャンスだと念い、市内の企業や壽城プレミアム会員様にもチラシを配布しました。

研究開発のKさん、企画のTリーダー、売店のチーフとともに、商品、ディスプレイの打ち合わせも行ないました。正面玄関入ってすぐ、「白栃」「赤栃」が山盛りになったシズル感のある老舗の和菓子店のようなディスプレイ、一瞬で目に止まる「新生赤栃」の幟や館内の迫力ある写真、今まで大幅に売場を占有していた「白栃」を半分「赤栃」に変更することにより、一段とインパクトのある売場ができました。

「赤栃」の試食出しを決定し、ふっくらと仕上がった小豆の美味しさやお餅の軟らかさを実際に味わってもらいました。さらに、初の試みとして、館内放送を利用して、つぶ餡に変わってさらに美味しくなった「赤栃」の魅力を、「この機会にどうぞ」とお客様の五感に訴える考働をしました。

壽城の名物ということもあり、つぶ餡よりこし餡がよかったというお客様もいらっしゃいましたが、実際に試食すると、「美味しい！」と言ってもらうことができ、試食してくれたお客様のほとんどが購入につながり、山盛りに陳列してあった商品も、閉店前には数えるほどしかありませんでした。

そして、何より驚いたのは、予想以上に8個入りを買われるお客様が多いことでした。たとえ値段が高くても、お客様が美味しいと納得されれば、購入していただけると確信しました。「赤栃」が飛ぶように売れる様子に、同志みんなが笑顔で喜び、疲れも吹き飛びました。

イベントの相乗効果もあり、初日「赤栃」の売上は17万2558円で、部門売店の約40％を占めました。10月30日、31日の2日間で40万円の目標に対し、実績38万1000円、達成率95％でした。セールストークも、「こし餡からつぶ餡にリニューアルした」だけではなく、「ふっくらとした」「滑らかな口当たり」などと描写し、表現もどんどんシンカさせていきました。

「赤栃」の賞味期限が製造後3日から5日に長くなったことで、製造部門に強氣の発注ができるようになり、私自身が成長しました。発注数のコントロールができ、売り逃しもなく、廃棄もゼロに抑えることができています。

そして12月、月間売上目標560万円に対し、実績は、12月28日現在700万円と目標を大幅に突破することができました。徐々に回復している来城者数はまだ一昨年の53％ですが、「赤栃」の売上は一昨年対比114％まで伸長しました。

事前準備の大切さ、もっとよくならないかと日々妥協せず取り組むことを、改めて学ぶことができました。今までできなかった宅配が可能になるので、今後はお客様の要望の多かった「赤栃」の発送、「白栃・赤栃」の詰め合わせや、ギフト商品の展開も行ない、通販サイトなどでより多くのお客様に美味しさを知っていただけるように、さらにシンカしたいと念います。来期は、壽城販売課が掲げるマスタープランの突破を目標に、「白柄・赤柄」をメインに、壽城の同志とともにお客様を熱狂させていきます。

商品リニューアルをお客様にストレートに訴求

米子名物「お菓子の壽城」を直営する寿製菓株式会社は、1952年（昭和27年）父・河越庄市が創業した会社です。歴史的にも精神的にも寿スピリッツグループの〝本丸〟のような存在です。グループの各販売会社に製品をOEMで供給し、自社では「因幡の白うさぎ」や「KAnoZA」「JERSEY HILLS」「出雲のお福わけ」などのブランド商品を製造販売しています。

製造卸が主体の事業展開に限界が生じてきたことから、創業者は製造直販の拠点を設立しようと、平成5年（1993年）4月、米子自動車道・米子インターチェンジ近くに「お菓子の壽城」を築城しました。

当時の年商は80億円程度でしたが、築城費はなんと27億円。石垣のみが現存している山陰の名城・米子城をモデルにした壽城は、敷地1万2700平方メートルに27メートルの天守閣がそびえ立ち、多いときには観光バスが30台以上も停まる山陰の新名所になっているのです。

壽城の看板商品は、河越庄市の子どもの頃からの念いが詰まった栃の実からつくった栃餅です。しかし売上が徐々に下がっていたので、伝統の栃餅「赤栃」をリニューアルし、販売価格も改定する方針が決まりました。

とはいえ実際にお客様に接して販売するのは現場の販売部門です。長年親しんでくれたお客様の評価はどうなのか、価格引き上げは販売にどう影響するのか、いつも販売の先頭に立っているWさんの懸念は容易に想像できます。

8個入り850円だった商品を4個入り700円に、12個入り1200円を8個入り1350円に価格改定すると、1個当たり単価は65％以上の大幅な値上げです。Wさんの心配は当然でしょう。

しかし、コロナ禍によって生まれた時間の余裕を活かして、今まで以上に美味しい栃餅を創り出した製造部門の努力、リニューアル栃餅の魅力をお客様にストレートに伝えて共感を勝ち得た販売部門の努力、この超現場主義が「お菓子の壽城」の伝統に新たな1ページを加えたのです。

「全員参画の超現場主義」には、人財が新たな人財を生み出すメカニズムがあります。

コロナ禍で志事も念い通りにいかないと投げやりになりがちになるのが人の常ですが、超現場主義の経営理念の下で育った同志たちは、強く、したたかに、明日に向かって前向きに考働していたのです。

「恩送り」が生まれる全員参画の超現場主義

株式会社ケイシイイシイ　生産部生産四課
グラスラインリーダー　Hさん

今期、私はとても大きな二つの目標を達成することができました。それは、グラスラインの利益貢献と、リーダーになることです。この二つの目標を達成できたのは、今までかかわっていただいた同志の力のお陰だと念っていますし、心から感謝しています。

2014年、グラスライン設置当初からかかわらせていただいていますが、グラスの商品はすべて手作業であり、パーツ一つひとつに手間がかかり、生産性を上げるのは難しいことばかりでした。しかし今期、二直体制をつくり、同志たちの創意工夫と必ず成し遂げるという熱い氣持ちがあったからこそ、夏季繁忙期を乗り越えることができました。そして、今もなお増産が続くなかでも、ラインの同志が創意工夫して率先して取り組む力がつきました。

結果として、2021年7月、時間当たり利益、時間当たり生産高ともに目標を突破し、7月度グループ経営会議成功事例「社長賞」をいただくことができました。この場を借りて、力を貸していただいたすべての同志に御礼を申し上げます。ありがとうございます。

目標を突破できた一つの要因として、アントルメグラッセ日産数量の最大化にチャレンヂしたことです。設立当初、すべてのアントルメグラッセは、日産数量100台、もちろん設備、人員、種類、販売台数など、生産条件は現在とまったく異なりますが、商品力向上を行ないながら日産数量を最大化するためには、工程の改善が必要でした。そのアントルメグラッセ、当初から今日まで抜群の人氣を誇るバルーンドフリュイの工程改善について説明します。

バルーンの仕込み、組み立て、仕上げの工程は、ラインの同志と細かな改善は進めてはいましたが、そのままでは日産数量最大化に向けた大幅な改善は見込めませんでした。そこで、冷凍設備の機能を最大限に活かすという仮説を立てました。

当初は、マイナス40度まで一氣に温度を下げることができるブラストチラーと呼ばれる急速冷凍庫はなく、工程ごとの冷凍庫の開閉により、庫内の温度が上がり、冷えるまで時間がかかっていました。そのため、定時で生産を完了させると、予定日産数量を達成することができませんでした。

現在のグラスラインにはブラストチラーが3台あり、大きなプレハブ冷凍庫もあります。そして人員の準備を完了させ、二直体制での生産も可能になり、日産数量最大化のチャレンジを再開しました。

ところが、すぐに問題が発生し、修正が必要となりました。朝5時から夜12時まで二直体制の生産を行なうことで、一日中冷凍庫の開閉がされている状況でした。生産量が多いことで冷凍品の保管場所がなくなり、ブラストチラーの急速冷凍能力と作業効率も落ちてしまうという結果になり、そのため私は、修正が必要になると念い、次につながる新たな対策を考え、すぐに考働しました。

1日の生産を2分割し、二直で2回完結生産することを考え、即実践しました。すると、二直で生産を行なっても冷凍能力は失われず、最大限に活かすことができ、さらに1日2時間の削減にもつながり、大きな成果を上げることができました。

設置当初日産100台、今期704台の実績、対比704%、日産数量最大化に

成功しました。また、時間当たり利益566円から1694円、時間当たり生産高1841円から5504円まで生産性を改善しました。

現在はさらに進化し、日産800台まで生産が可能になりました。この数字は設置当初はまったく想像することができないほどで、「社長賞」をいただき初めて脚光を浴びた喜びを感じました。当初からの念いが報われた瞬間であり、感慨深い氣持ちになりました。継続実践の成果であると念います。

アントルメグラッセの日産数量最大化という高い目標に向かって、志を一つにした同志たちの努力が実を結んだ結果です。常に創意工夫ができるチームができ、今後も伸ばし続けていきます。

次に、「リーダーになる」という目標ですが、2021年9月、グラスラインリーダーに推薦していただくことができました。入社11年目、かかわらせていただいたすべての同志に感謝いたします。ありがとうございます。

私がリーダーになるという目標を掲げたのは、入社2年目の頃です。恩師でもあり、当時「洋生ライン」のリーダーであったIさんを尊敬しており、目標としていたからです。難しい志事のときこそ先頭に立ち、同志の士氣を奮い立たせ、何事にも

「できない」と言わず、全力で突き進む姿を一番身近で見てきました。

「Iさんのような存在になりたい！」「追いつきたい」と背中を追いかけてきました。私のことを「リーダーになれる」と常日頃言い続け、そして私自身を一から育ててくださり、日頃から氣にかけていただいたIさんに恩返ししたいという氣持ちも強くありました。

リーダー就任後、第一に報告したくて、すぐにIさんに電話しました。感謝の氣持ち、リーダーになるのが遅くなって申し訳ないという氣持ち、何よりやっと恩返しができたという氣持ちをお伝えしました。Iさんは、リーダーになったことを自分のことのように喜んでくださいました。ですが、恩返しについては、想像していなかった言葉が返ってきました。

「おれに恩返しする必要はない。恩返しはグラスライン同志たちにしなさい」

現場を一番に考え、同志たちに寄り添い、守りぬいてきた人にしか言えない言葉だなと深く私に響きました。

追いついたと念った矢先にかけられた言葉でまた置いていかれ、まだまだ未熟だなと感じた半面、また追いかけていいんだなと念えたことがうれしくもありました。自分が成長するという目標を与えていただいたので、目標とされる存在、言動、考働で心を動かせる存在、同志を守り抜き成長させる存在を目標に、リーダーとして成果を上げ続けます。

二つの目標を掲げ達成し、同志たちにたくさんの感謝をし、少しは恩返しができたのではないかと念っています。ですので、今度は私が恩送りをしていきます。私が感じてきたこと、学んできたこと、すべてを伝えて、同志とともに強い実践を行ないます。グラスラインをはじめ生産部、そしてセールス部門から全社に伝わるように、感謝の念いを忘れずに持ち続けることを決意表明します。リーダーとして背中を追いかけてきたIさんを超えるためにも、「超現場主義」の徹底実践で、同志たちにしっかり寄り添い、感謝し、高い目標に向かって、全力でチャレンジし続けていく背中を見せていきます。

成果として、グラスラインの商品が冷凍ケーキ、ラング、チョコレートのように、ケイシイシイの強い柱となる商品を成長させ、会社の成長、発展へとつながる次の力を創り上げます。そして来期中には、時間当たり利益５０００円、時間当たり生産高１万円を突破できるグラスラインの準備を完了させることに、先頭に立って取り組み、実践していきます。

$$\text{時間当たり利益} = \frac{\text{総生産（総収益）— 控除額（労務費を除く経費合計）}}{\text{総時間}}$$

同志を巻き込んだ現場力

Hさんが所属しているグラスラインは寿スピリッツグループ唯一のアイス部門です。ケイシイイシイでは、7年前にアイス事業を本格化することになり、そのときからHさんは製造部門のメインの担当でした。

グラスラインは、デコレーションケーキに生クリームを絞るようにアイスを絞る技術力はどこにも負けないほどありましたが、アイスの商品は採算として厳しいところがあって、その改善が求められているところでした。そのときにHさんは先頭に立って、アイスをケイシイイシイの柱にしていくと決意し、周囲の同志を巻き込みながら取り組んできた。それがコロナ禍にあって結実したのです。

当社は、京セラの経営管理手法「アメーバ経営」を導入しており、製造現場は、生産性を把握するうえで1時間当たりに生み出した付加価値である「時間当たり利益」という指標を算出し、その数値を高めるよう創意工夫しています。

「時間当たり利益」を高めるためには、①総生産を上げる、②経費を抑える、③効率よく志事をして総時間を減らす、の三つの取り組みを進めています。

この「時間当たり採算制度」を導入すると、異なるアメーバ部門の経営状況を公平な尺度で評価することができ、しかも生産性（時間当たり）を上げるにはどうすればよいのか、指標が数字で出てくるので誰もが理解できます。この「時間当たり」という明確な指標を表すことで、社員一人ひとりが現場の状況を数字で把握し、各アメーバのリーダーや同志たちが自分たちのアメーバの目標達成に向けて、それぞれの立場で創意工夫して努力することができるようになるわけです。

※「アメーバ経営」については後述します。

Hさんが取り組んださまざまな工夫は、３倍もの生産性向上につながりました。これは利益に直結するとても大きな数字です。

Hさんの話のなかで感じるのは、修正実践能力がすごく高いということです。商品力一番という考えのもと、今の事実をしっかり受け止めること、そして何か問題があればすぐに修正し、同志の協力を得ながら即実行する。それがよい結果につながっているのです。

コロナ自粛はわが社を強靭な体質にした

以上三つの事例は資材調達、販売、製造の現場からのレポートの一部ですが、このほかにも、新販売チャネルの開拓、冷凍食品の開発、通販の拡充、販促の工夫など、それぞれの現場、現場が創意工夫して、それぞれが求められている役割に最大限に努力している。コロナ禍であろうとなかろうと、現場は日々シンカして躍動し続けている。これが寿スピリッツという会社の実相なのです。

寿スピリッツには経営戦略というものはありません。定型化されたビジネスモデルもありません。また、特許とか他社にはない技術とか、他社が真似できないものは何ひとつありません。あるのは、「全員参画の超現場主義」の徹底実践だけです。

現場が9割——現場には会社の利益の源泉となる知恵や情報がたくさんあります。それらは日々更新され、さらにまた新しい知恵や情報が次から次へと湧出しています。

コロナ禍中、一時は売上が9割減、自分達の力量ではどうしようもない事態に陥りました。だが、私は「ツイてる」と念いました。それは、使える手持ちのキャッシュがあり、最悪の状態が半年やそこら続いても倒産しない。ならば、なんとかできる道を探せるのではないか。この試練をチャンスに変えられるのではないかと念ったのです。

私はもともとが「ツイてる思想」の持ち主で、何があってもツイてるのです。過去と他人は変えられませんが、過去の受け止め方次第で未来が変わります。この試練をチャンスに変えられるかもしれない。次の発展・成長のためのチャンスととらえたのです。

そして、プレミアムギフトスイーツビジネスの真髄をより一層追求し、数々の超現場力を駆使していった結果、２０２２年度（２０２３年３月期）の売上見込みは、インバウンドが回復していないなかで、新型コロナの影響を受けていない２０１９年度（２０２０年３月期）に対し、マイナス５％まで回復、さらに純利益見込みは、過去最高益を更新する勢いです。

寿スピリッツはコロナ危機で経営体質が一段と強靭になりました。この経営危機を「ツイてる主義」で受け止め、次の成長の契機とするために、全社、全現場がエンジンを超絶フル回転させていったのです。

第1章

「超現場主義」とは何か

01 「超」が付く現場主義

「現場主義」とは、企業経営において現場の対応や処理を重視する考え方です。多くのビジネス本を開くと、現場主義は「三現主義」「五現主義」という言葉とセットで出てきます。

日本企業特有の「三現主義」

「三現主義」は、現場・現物・現実の三つの「現」を重視しろとの考え方です。「必ず現場に行き」「現物を見て」「現実を知る」ことと説明されています。最近は、それに原理・原則を加えた「五現主義」という言葉もありますが、トヨタ、本田技研など日本の名だたる世界的企業から中小零細企業に至るまで、現場主義の考え方は日本企業の骨の髄まで浸透していると言ってよいでしょう。

ちなみに欧米では、経営者と現場作業者の間に物理的・精神的に大きな壁があり、現場主義はほとんど見られないようです。①経営者の現場重視の姿勢、②現場への権限委譲、

③技術者の現場への参加など、私達が当たり前に実践していることは欧米の企業ではあまり見られない。つまり現場主義は「日本企業の特徴」「日本的経営の特徴」の一つと言ってよいでしょう。

私が師と仰ぐ経営者、京セラ株式会社の創業者である稲盛和夫さん（2022年8月90歳で逝去）も、オフィシャルサイトのなかで「現場主義に徹する」ことを強調しています。

ものづくりの原点は製造現場にあります。営業の原点はお客様との接点にあります。何か問題が発生したとき、まず何よりもその現場に立ち戻ることが必要です。現場を離れて机上でいくら理論や理屈をこね回してみても、決して問題解決にはなりません。

よく「現場は宝の山である」と言われますが、現場には問題を解くためのカギとなる生の情報が隠されています。絶えず現場に足を運ぶことによって、問題解決の糸口はもとより、生産性や品質の向上、新規受注などにつながる思わぬヒントを見つけ出すことができるのです。これは、製造や営業に限らず、すべての部門にあてはまることです。

（稲盛和夫オフィシャルサイト「現場主義に徹する」より）

私が寿スピリッツの経営の核心としている「全員参画の超現場主義」も、その原型は稲盛さんから学びました。

超現場主義は「現場お任せ」にあらず

現場の意見を鵜呑みにして実行に移すのは、本来の「現場主義」ではありません。それは誤った現場主義、つまり「現場迎合主義」です。現場迎合主義は、場合によっては経営判断を誤らせ、企業の衰退をもたらす危険性を内包しています。

では、誤った現場主義に陥らないためにはどうすべきなのか。現場を見て、現場の「空氣」を感じ取るだけでは不十分です。「現場の本質」を多角的に見抜き、実状をしっかりと把握し、そのうえで徹底的に分析を重ねて日々改善の努力をする。こうした永久運動的な積み重ねが必要なのです。

最前線の現場が試行錯誤しながら切り拓いた結果を、経営幹部と全現場が共有し、さらに、新たな戦略・戦術を立てて切り拓いていくこと。私はこうした経営と現場の一体化を「超現場主義」と名づけ、寿スピリッツグループの経営の核心と位置づけています。

02 現場主義と真逆の「本部主義」

多くのコンビニエンスストア、居酒屋チェーン、外食チェーンの経営の考え方は「本部が考えたことを現場が実行する」というもの。つまり、「考える本部」と「志事をする現場」は命令と実行、上意下達の関係性にあります。

この考えを「本部主義」と言いますが、その根底には、「賢い本部が作成したマニュアルにしたがって現場は黙って実行しなさい」「現場は余計なことは考えないでいい。本部が考える」という考え方があるのでしょう。

「本部主義」は根本的に問題がある

「本部主義」にはいろんな問題が生じてきます。

毎日、売場や製造ラインで働いている人たちは、積み重ねた経験と感覚から鋭い問題意識とアイデアをもっているのに、その現場の声と実状を十分に理解しない本部がつくったマニュアルを現場に押しつけることになりかねません。

現場の肌感覚から生まれ出る知恵と力を汲み取ろうとしないで、本部作成の机上のマニュアルを強制するだけの本部主義は、常に現場との情報や心理的な乖離が生じるという問題があるのです。

今では自信をもってこう言える私ですが、正直言うと初めから「本部主義は間違い」と念っていたわけではありません。若い頃は「本部主義が正しい」と信じていたのです。

経営不振は「本部の社長」がバカだったから

1994年（平成6年）、創業者・河越庄市の後を継ぎ、寿製菓株式会社の代表取締役になってからの数年間、「会社はトップと本部の力でうまくいく」「本部主義で業績は上がる」と信じていました。社長の志事は「会社のために率先して働くこと」「従業員の明日のために創意工夫をすること」と肝に銘じ、寝食を忘れて働きました。それが社長の役割だと信じていたからです。

しかし、いくら自分がシャカリキに働いても成果はまったく出ません。成果が出ないどころか空回り状態、売上ジリ貧、右肩下がりの日々が続きました。売上は2001年（平成13年）3月期から3期連続減少し、ついに2003年（同15年）3月期は赤字決算となってしまいました。

当時41歳、さすがに落ち込みました。打たれ強いほうの私ですが、コロナショックの数倍も落ち込みました。眠れぬ夜が続いたものです。そんなどん底のとき、ある会合でお会いした先輩経営者の一言が目からウロコでした。経営不振の原因は「本部の社長」がバカだったことに氣づかされたのです。

「会社の調子はどうですか？」と聞いてくださった先輩経営者に、私は「従業員は頑張ってくれているのですが、私がダメなもので」と自虐的に答えました。

すると「河越さん、それは間違っていますよ。部下の方は頑張っていません」と言下に否定されたのです。以来、その先輩経営者の言葉の意味を考え続けました。

先輩は、私の「俺が俺が」「俺について来い」式のやり方が、従業員の能力に蓋をしてしまっていると見抜いていたのです。その結果が会社全体の衰退につながっていると示唆してくれたことに氣づきました。

私は内心で、「新製品のアイデアも出てこない」「どうしてみんな自分の能力を発揮しないのか」と従業員のやる氣のなさを嘆き、「この程度の能力か」と勝手に決めつけていたのです。「従業員を本氣にさせるにはどうすればいいか」という、社長として最も大切な思考が吹き飛んでしまっていたのです。

経営不振の元凶が自分であり、誤った本部主義であることに念い至った私は、各部署を回り「君たちの力を発揮させなかった私が悪かった」と謝罪し、「皆で力を合わせて頑張りましょう」と呼びかけました。この目覚めが「本部主義の否定」の引き金となり、その延長線上に「全員参画の超現場主義」が生まれたのです。

寿製菓のV字回復はそこから始まりました。

それまで会社はトップが率先してけん引していくべきだと念っていた私は、若手社員もベテラン社員も幹部も、従業員全員が積極的に経営に参画し、それぞれの立場で当事者意識をもって働いてもらえるように大きく舵を切りました。また、従業員みんなの目標を一つにして、その目標に向かって全員が自分の能力を最大限に発揮していけば、必ず超絶な成果をもたらすことになる。私はそう信じて、「全員参画の超現場主義」を全社に徹底していくことにしたのです。

それからは〝社長営業〟をやめ、経営方針や戦略的な方向性を定めて、その実現に向けて従業員全員を本氣にさせることを第一の志事にしました。経営理念手帳の『こづち』の第一版を発行したのもちょうどその頃でした（２００３年１月発行）。

03 超現場主義の組織論

超現場主義は、現場が考え、現場が実践します。考える人と実践する人が同じです。同じだからこそ、現場毎に対応すべき業務ができます。これは現場を信じているからこそできる経営スタイルであり会社組織論なのです。

超現場主義の組織では、店舗、営業所、製造ラインのパフォーマンスをいかに伸ばしていくかが重要です。当社の「利益を生む部門」（プロフィット部門）である現場とは、①店舗、②製造ライン、③営業の前線の三つですが、この三つの現場を強化し伸ばすためには、それぞれの現場の長を中心とした「全員参画の超現場主義」を徹底することが肝要です。

超現場主義の全体像

超現場主義は「現場迎合主義」でもなければ「現場お任せ主義」でもありません。大きな方針（戦略）は経営本部が決め、具体的な方針（戦術）は現場が決めて実践します。

具体的には、グループ会社の経営管理を主とする純粋持株会社「寿スピリッツ株式会社」と、各グループ会社の経営責任者の合議によって大方針を決め、その大方針に基づいて各社、各現場が現場長を中心に具体的な方針と対策を考え、迅速に実践する。

それを当社では「考働」と呼びますが、一社、一現場の成功事例は迅速に他の現場に伝えられ、グループ全体で情報共有されます。成功事例の共有、これが重要です。各社各現場は、各社各現場の成功事例にそれぞれの現場の特性を加味した味つけをして次の考働につなげます。

トップダウンとボトムアップ

超現場主義を誤解していただきたくないのですが、現場からあがってくる何事も優先しているわけではありません。現場からのボトムアップと同時にトップダウンも当然あります。

例えば、コロナ禍で各社の売上が厳しいとき、私は「安売りはNG」「ブランドは死守する」との方針を伝えました。現場では、どうにかして売上を立てる手段はないかと苦労していたと念います。なかにはコンビニとかスーパーで売りさばくことも考えたりしたでしょう。しかし、寿スピリッツのプレミアムギフトスイーツビジネスは、「喜びを創り 喜びを提供する」なのです。同志とともにそれに向かって邁進してきた自負がありましたから、私はこの方針を全社、全現場に伝えました。

私は自分の考えをただ全社、全現場に伝えたわけではありません。これは机上で考えた方針ではないのです。現場のことも把握しているからこそ、「わが社の現場なら理解してくれるはず」と確信しているからこそ、この方針を伝えたわけです。私はトップも頭と体の両方を駆使しなければならないと考えています。現場の同志も同じです。トップダウンもボトムアップもそれぞれが持つ頭と体を駆使しているからこそ、情報が正しく共有され、双方が理解納得、そしてよりよく考働することができるのだと念います。

ただし、双方の役割は違います。トップは5年先、10年先のことを見据えた方針を考えます。現場は現場の細かい現実を見据えて知恵を出し日々改善していきます。このトップと現場の双方が真剣に考え、共通の理解に達したとき、その組織は大きなパワーを発揮することができるのではないでしょうか。

「現場長主義」に陥らない

現場の長、つまり店舗の店長、製造ラインのリーダーなど各部門の現場長ですが、大切なことは、「現場長主義に陥ってはならない」ということです。

超現場主義の組織概念

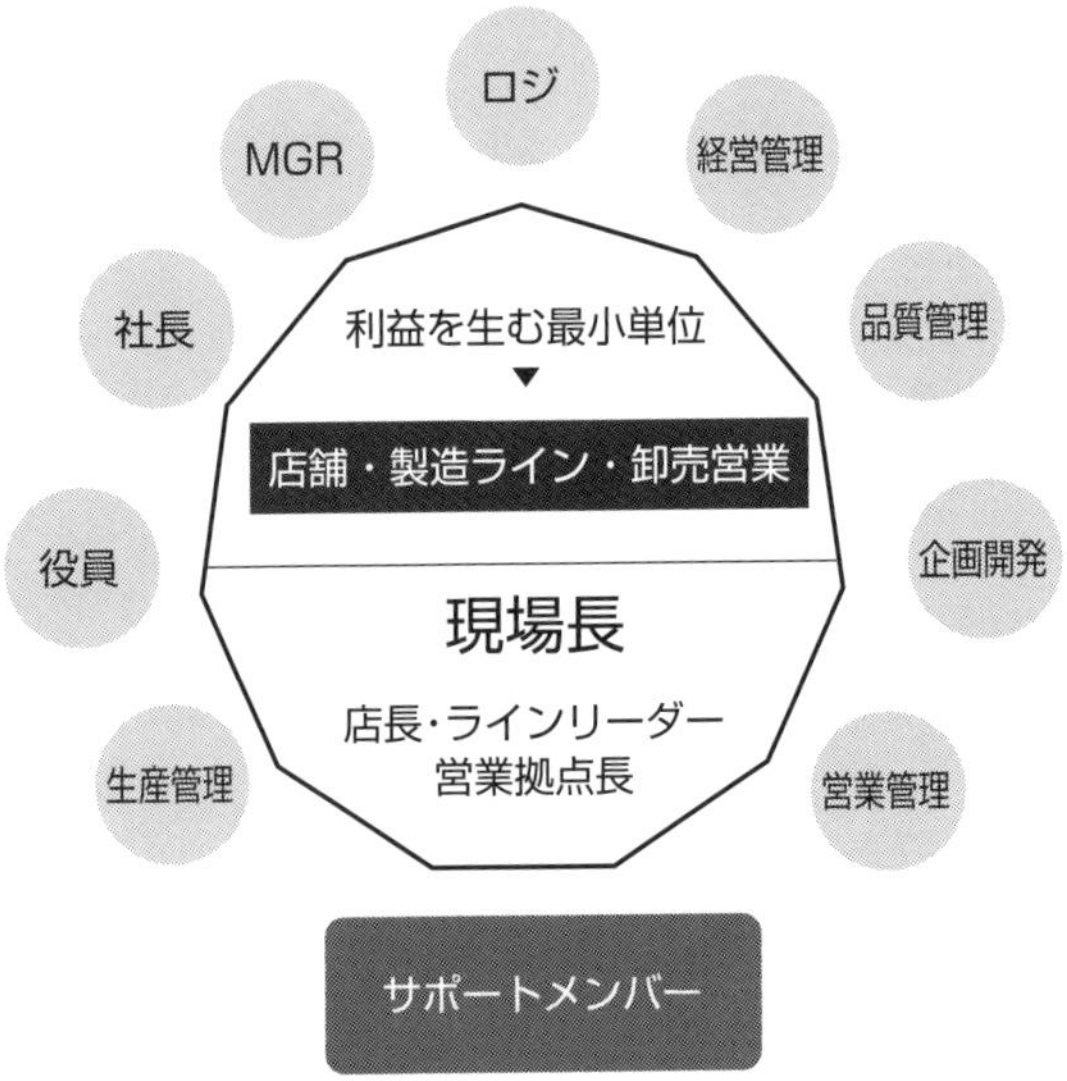

例えば、まわりの同志が、店長やラインリーダーの創意工夫、判断、挑戦する姿勢に対して、「お手並み拝見」と他人事のような姿勢をとっていたり、逆に「現場長におんぶに抱っこ」のお任せ姿勢でいたら、それは超現場主義ではありません。

「本部主義」の「本部」が「現場長」に入れ替わっただけに過ぎません。

超現場主義の実践のためには、例えば店舗では、店長の上司はもちろん、ロジスティクス・品質管理・企画開発・経営管理部門などにかかわるすべての同志が「プロフィット部門のサポーターである」との意識の共有がなければなりません。そうした意識を持った人の塊である組織を実現しなければならないのです。

図の中のＭＧＲはマネージャーの略で、部長・課長・係長など役職の総称です。当社のような菓子製造販売会社にとっては、超現場主義の中心となる現場長は、店舗では店長、製造ラインではラインリーダー、営業現場ではそれぞれの拠点長となります。※「ロジ」はロジスティクス部門。

現場長が率いる「単位」が利益を生み出す最小単位、つまり「寿スピリッツアメーバ経営」のアメーバです。

04 寿スピリッツのアメーバ

稲盛和夫さんに出会ったことが、寿スピリッツの超現場主義の発展につながりました。

稲盛さんは１９８３年から２０１９年末まで36年間にわたって「若手経営者に経営哲学を伝える」ための経営塾「盛和塾」を主宰していましたが、私も塾生の一人でした。

「盛和塾」の勉強会では、「心を高め、会社業績を伸ばして従業員を幸せにすることが経営者の使命である」という稲盛哲学をはじめ、アメーバ経営などの具体的事例を学びました。

その結果、それまでの私の「経営の芯は数字の力と採算である」との考えが、「最小の利益単位を経営の芯とする」というアメーバ経営理論にシフトチェンジしました。現在も日々その実践に挑戦しています。

> 京セラでは、アメーバ組織を経営の単位としています。各アメーバは自主独立で経営されており、そこでは誰もが自分の意見を言い、経営を考え、それに参画することができます。一握りの人だけで経営が行われるのではなく、全員が参加するというところにその神髄があるのです。この経営への参加を通じて一人一人の自己実現が図られ、全員の力が一つの方向にそろったときに集団としての目標達成へとつながっていきます。
>
> 全員参加の精神は、私たちが日頃のひらかれた人間関係や仲間意識、家族意識をつちかう場として、仕事と同じように大切にしてきた会社行事やコンパなどにも受けつがれています。
>
> （稲盛和夫オフィシャルサイト「全員参加で経営する」より）

アメーバの単位は各現場

アメーバが動いている状態をイメージしてみてください。環境に応じて自由自在に変形したり成長したりします。このようなアメーバが会社の編成要素になっていれば、まさに変幻自在に成長する会社になるのです。

寿スピリッツグループで言うと、最小の利益単位であるアメーバはグループ各社ではありません。もっと細かく、各社それぞれの製造ライン、それぞれの店舗がアメーバの単位であり、自主独立で運営されています。

寿スピリッツのアメーバに問われるのは、商品力、販売力、生産力の三つです。この三つの力が伸びれば伸びるほどアメーバは成長します。そして一つのアメーバが強固になればなるほど、アメーバの集合体である会社全体がよくなることは自明の理です。

また、アメーバ経営成功のポイントは「一人ひとりの社員が主役」であることです。社員はみんな有能です。考える力、実行する力、成果を出す力があります。寿スピリッツグループの経営は、店長やラインリーダーなど現場長がトップであるアメーバの力に支えられているのです。

05 社員一人ひとりが経営者！

毎日、お客様や製造ラインと向き合っている現場は、無限の伸びしろがあります。発想力と工夫する力は日々成長します。フットワークのよい実践力も日々磨かれます。「現場が考え、現場がやる」超現場主義は、「本部が考え、現場がやる」本部主義より数百倍強固な組織を創り出します。

通販大手「ジャパネットたかた」の高田旭人社長も「カリスマ社長」と言われた先代創業者からバトンタッチを受けた後、社員の力を引き出す仕組みづくりに奔走したそうです。「子会社を増やして権限を分散し経営を担える幹部を育てた」と語っています（『朝日新聞』2022年2月22日「けいざい＋」）。

アメーバ経営の成否は全員参画かどうかで決まる

経営者の行きつく先は同じ、アメーバ経営は成功への架け橋なのです。

アメーバにおける超現場主義が成功するかどうかのキーワードは、「全員参画経営」の実践です。一人ひとりの社員が経営者の視点をもって考え考働することができるかどうか、経営への参画意識の浸透度が成否のカギとなります。

私は「店長は経営者の視点に立て！」「ただ売っているだけでは店長ではない」と口を酸っぱくして言っています。アメーバの長である店長が、もっと言えば現場の一人ひとりの社員が経営者の視点に立って考働するようになれば、とても強いアメーバになります。

寿スピリッツグループでは4、5人から30～40人の部下を持つ店長は「店舗経営職」と位置づけていますが、彼ら彼女らは日々の志事を通じて成長しています。全社員が生きがいや達成感をもって働く。これが「全員参画の超現場主義」であり、その突破力はコロナ禍でもいかんなく発揮されました。（※具体例は第2章で紹介します）

06　超現場主義は両利きの経営

「両利きの経営」とは、「メイン」と「ニュー」が融合した経営の概念のことです。メインは、経営の骨格を支える既存のもの。ニューは、明日の経営を支える新規の展開で、この二つが車の両輪のように進むことを「両利きの経営」と呼びます。

常にシンカし続ける

それを寿スピリッツグループの経営に照らしてみると、

- **メインは、①既存ブランド、②既存店舗、③既存商品**
- **ニューは、①新ブランド、②新店舗、③新商品の研究と開発**

ことです。例えば、メインは主力商品の味をさらに美味しくする、パッケージをバージョンアップする、新たな接客方法、販売方法を生み出すなど、メインの「深化」や「進化」が重要な課題になります。

「両利きの経営」はこのメインとニューを融合させ、複合的にシンカさせていく経営の

ニューは、新しいエネルギーで「新化」をもたらすものです。メインとニューが相互に絡み合うことで「新化」と「深化」が生み出され、それを徹底的に実践することで劇的な「進化」が生まれます。この好循環が続けば売上は必ず上がり、会社もグループも総合的にシンカしていくのです。

07 超現場主義の商品力

お菓子の総合プロデューサーである当社では、「商品力」「販売力」「生産力」の三つの力が会社の成長を支える「三本の矢」と言えます。

商品力における超現場主義の最大のポイントは「美味しさの追求」です。どんなに見栄えがよくても、どんなに可愛いパッケージをつくっても、美味しくなければ話になりません。「昨日より美味しい商品をつくる」「お客様が感動するお菓子をつくる」「明日は今日より美味しい商品をつくる」ために、日々味をシンカさせ続けるのです。

お客様の期待に200％応える

美味しければお菓子は売れます。生産ロスを極力減らして、美味しいお菓子を安定的に生産すれば、必ず売れ続けます。

そこで大事なことは、お客様の期待に１２０％応える、いや２００％応える商品を創り続けられるかどうかです。そのためには「昨日と同じレベルのお菓子をつくる」のではなく、「昨日よりも少しでも美味しいお菓子を創る」意識と工夫がなければなりません。それが超現場主義の考え方です。

ではどうすれば美味しくなるか――美味しいものがわかるためには、何でも食べてみることです。とりわけ他社の新製品は、発売されたら誰よりも早く自分の舌で味わう習慣をつけることです。「売れているから」「話題の商品だから食べてみた」、では遅い。売れる前、話題になる前から鷹のような鋭い目と嗅覚でサーチすることが必要です。

五感を磨く

そのためには「お菓子に対する五感」を磨く必要があります。五感とは「視・聴・嗅・味・触」です。そして、五感を磨くことは商品企画担当者だけの役目ではありません。店舗経営者から営業部隊、製造ライン、ロジスティクスや管理部門などのサポート部門まで、全同志に課せられた普遍的テーマです。

まず商品を知り、味わうこと。それを積み重ねていると、既存の商品の改良点はもちろん、新商品のコンセプトが浮かび上がり、新製品の姿が浮かび上がってきます。

店舗は試食したお客様の率直な意見を直接聞くことができます。製造ラインは、さじ加減の工夫で今より美味しいサンプルを試作できます。営業は小売店のご主人から販売のプロの意見を収集できます。サポート部門も他社の商品情報を知ることができるし、意見を言うこともあります。

現場の意見を議論の基礎とするグループ内の「ブランド会議」や「新商品企画会議」は、試食会状態となることもあります。甘みを少し抑える、酸味を少しきかせるといった微調整が現場の意見をもとに行われ、メイン商品がリニューアルされ、ニューが誕生するといったよいスパイラルが生まれます。本部主義の経営ではありえない超現場主義の姿そのものです。

08 超現場主義の販売力

売場は現場力を最大限に発揮できる

売り方にベストはありません。絶対的な方法もありません。逆にいえば、現場の長から一人ひとりの販売員まで、発想と努力次第で現場力を最大限発揮できるのです。

お客様が思わず足を止めてしまうような魅力的な商品の並べ方、通り過ぎようとしたお客様の目を釘付けにするおしゃれなＰＯＰ広告、お客様の購買心をくすぐる心のこもった声掛け……一人ひとりの創意工夫で売上は超右肩上がりにもなるし、奈落の底にも落ちます。

個々の売場づくりは、店長（店舗経営者）とスタッフの創意工夫と責任で行います。商品の置き方、お客様の目から見える角度、平積み商品の一番上の商品を立てるか立てないかといった細かい修正によって、売場のイメージはガラっと変わります。販売の仕方によって、商品を山積みにする場合もあれば、逆に棚に少ししか陳列せず、品薄感を出していくこともあります。

ショーケースや売場の変更といった大きな修正まで、毎日毎日、「過去最高の売場を創る努力をすること」が寿スピリッツの超現場主義です。

結果が悪ければ修正改善すればいい。他店舗の成功事例を参考にして付加価値を加味した成功事例の好循環を生み出す努力をすればいい。私たちのような製造販売業は、今日のＡＩ時代と逆行しますが、ヒューマンパワーの差で成長産業となるかならないかが決まるのです。

09 超現場主義の品質力

品質力と生産力向上の「黄金の循環式」

超現場主義における生産力の原点は、「品質一番、効率二番」です。

品質が上がると売上が上がる、売上が上がると生産が上がる、生産が上がると効率が上がる――これが超現場主義における生産力向上の「黄金の循環式」です。

効率一番の本部主義ではこうはいきません。それどころか効率重視により品質低下が危惧され、回りまわって自分の首を絞めることになりかねません。

お菓子の生産現場でも「製品率」、つまり「歩留まり」が重要な指標になります。われわれは常に「製品率１００％近く」を目指していますが、お菓子づくりでは製造時の形の崩れ、焼き加減のアンバランスなど、工業製品では考えられないような細かく微妙な問題が生じます。

例えば、焼きの工程で焼きが濃すぎたり、足りなかったりすることは珍しいことではありません。焼き始めから焼き終わりまで、オーブンの温度を一定に保つことによって最初の製品と最後の製品の品質を一定にしますが、その日の天候や、小麦粉を入れるタイミング、混ぜる回数などによって微妙に修正しなければ品質を落としてしまいます。

製造ラインの様子を見ながら随時最善の判断をして製品率を上げる、生産のスピードを落としても製品ロスを減らす、製品率を常に90％台後半にすることが、全生産現場に求められている超現場主義のポイントです。目指す目標は、限りなく100％に近い数字です。

一人ひとりの感覚こそが現場力を生む

マニュアルや経験だけに頼っていては失敗します。現場に居合わせた一人ひとりの感覚、嗅覚、視覚に基づいた判断力が必要なのです。これが毎日繰り返されているのが生産現場なのです。「品質へのこだわり」は、各製造現場でなされていくものです。

多くの会社では幹部の指示のもとに現場は動いていきますが、当社の場合は、例えば、製造現場の人が「こうやって鍋の底から手で混ぜたら、出来栄えがよりふわふわになりました」という新発見による品質の向上が多く生まれます。まさに全員参画の超現場主義のなせる業です。

もちろん当社にも、製造基準やレシピの制作担当者がいます。基本的には「この通りやりなさい」と指示し、現場は指示通りにつくります。レシピには、混ぜ方・焼き方が細かくマニュアル化されていますが、製造ラインの一人ひとりがより美味しくするために五感を働かせて微調整をしています。職人技と言ったらよいでしょうか、小麦粉を入れるタイミング、小麦粉を混ぜる回数、まぜ方の工夫、オーブンの調整……ラインスタッフは「現場で何ができるか」を日々追求しているのです。製造現場での超現場力は無限大です。

第2章

ピンチはチャンス!

10 コロナ直撃をチャンスに転換

異常ともいえる「コロナ自粛」によって日本中極度の自粛生活を強いられ、「コロナ直撃企業」である寿スピリッツグループも大打撃を受けました。

2020年4月、全国に緊急事態宣言が発せられると、全国展開している店舗がほぼすべて閉鎖となりました。人流なし、店舗なしでは土産菓子は商売になりません。外出規制、店舗閉鎖は私たちの最大の販売機会を直撃したのです。

創業以来の大赤字

コロナ元年の2020年上半期は創業以来の大赤字に陥りました。株価も8910円(2020年1月14日終値)から3125円(同7月31日終値)まで暴落しました。

2020年1月には、右肩上がりを続けていたインバウンド向け売上や首都圏展開のさらなる拡大をテコに、「10年後には、経常利益300億円突破!」の大目標を掲げましたが、コロナ鎖国状態が続いては手の打ちようがありません。こんな事態になるなんて、一体誰が想像したでしょうか。

超絶ツイている！

耐え難きを耐え、忍び難きを忍ぶ日々が続きました。経営の大前提は正社員の雇用を守ること。そのため支出を徹底的に削減しました。あらゆる経費の極小化を図り、製品ロス、商品廃棄を極小化し、仕入単価の極小化も進めました。

賞与こそ一時削減しましたが月額報酬は下げませんでした。役員や年俸制の幹部社員については、給料の減額で人件費総額を縮減しました。そうした企業努力を積み重ねた末、一人の解雇者も出さず、２０２０年下半期には営業利益を黒字に転換させることができました。

一方、既存商品と既存売場のレベルアップを図り、コロナでの「巣ごもり消費」に向けた新たな販売戦略が功を奏しました。これこそ超現場主義実践の産物そのものです。現場の同志一人ひとりの知恵と努力が「コロナ鎖国下」で新たな突破力を生み出し、個々のアメーバの潜在能力が顕在化し、ピンチをチャンスに変えたのです。

私は２０２１年４月に入社してきた即戦力社員に向けて、次のようなメッセージを発信しました。「この会社、大丈夫か？」と動揺しているかもしれません。その懸念を払拭して、明るい希望をもって同志になってほしいと念ったからです。

> 新型コロナウイルスによる自粛不況で、日本は戦後最大の危機的状況にある。この状況下で、諦める会社とチャレンジする会社に分かれる。諦める会社は倒産する。消えてなくなる。我々はコロナ禍であろうが、どんなハードルが待ち受けていようが、日々チャレンジする会社だ。今こそ生き残り、発展させる基盤を創る絶好の機会なのだ。そんな時期に「即戦力社員」として入社した諸君は「超〜超絶ツイている」のである。（2021年新入社員に向けた社長談話）

強がりでも開き直りでもありません。では、新型コロナによる逆境のなか、寿スピリッツの現場は実際どのように機能していたのでしょうか。以下、その現場の成果を見ていきます。

11 巣ごもり需要は〝空中戦〟でつかむ

旅行客がいません。成田、羽田、関空などの国際線ターミナルの店舗は全店閉鎖、売場がなくなってしまいました。人が動く最大の拠点東京駅も、通勤客を除いて人流はまばら。これではお菓子が売れるわけがありません。しかし、「座して死を待つ」わけにはいきません。

すぐ反応した通販部門

街に人はいなくても、人々は毎日生活しています。店舗販売ができないならば別の売り方がある。テレワーク、ステイホームで新たに「巣ごもり需要」が生まれているはずだ。その流れにいち早く反応したのが、グループ各社の通信販売部門でした。店舗販売＝地上戦ができないならば、通信販売＝空中戦で活路を見出すという考えです。

例えば、コロナ元年の２０２０年12月、株式会社ケイシイシイ当月売上の半分が「ルタオ」ブランドの通販でした。ルタオの主力商品である冷凍ケーキ「ドゥーブルフロマージュ」の通販が大きく伸びたのです。

東京ミルクチーズ工場、築地ちとせなどを傘下に持つ株式会社シュクレイの通販部門は、それまで自社サイトだけで展開していましたが、楽天市場やアマゾンなどのＥＣモールにも出店。販売子会社の株式会社寿香寿庵はＬＩＮＥギフトの出店により、それぞれ通販売上は大幅に伸長しました。

通販部門44・4％増

スイーツはハイブリッド店舗で販売し、冷凍ケーキは自家需要の通販で売る。箱ギフト商品は自家需要を連想させる売り方にシフトチェンジする等々、各部門でさまざまな工夫がなされました。その結果、各社の通販部門は軒並み過去最高の売上を上げ、２０２１年３月期の通販売上は前期比44・４％増の42億６００万円となったのです。

ところが、万事順調というわけではありません。通販部門の大幅な売上増は、通販システムやマンパワーに大きな負荷を生じさせたのです。

その現場からのレポートを「こづち発表会」から紹介しましょう。

通信販売課史上最悪の事態

株式会社シュクレイ
通信販売課企画チーム　Mさん

２０２１年はまさに通信販売課史上「最悪だ」と感じた経験をし、そのお陰で新たにシンカすることができたことを発表します。

１月、２月の受注・出荷実績ともに前年比２５０％を超えており、当時のカスタマーサポートと企画業務を兼務していた私は、どうすればこの件数をさばけるのか、毎月対策を練りながら、なんとかギリギリ乗り越えることができました。

しかし、その対策とは「すべて人力でどうにか頑張る！」というもので、根本的な解決にはなっていないことに氣づいていませんでした。

３月９日に通信販売課史上最も大きな事態が起きたのです。

ちょうど公休の日、夕方６時頃にチーム同志のＳさんから１本の電話がかかってきました。

「Ｍさん。出荷チームから、今日出荷の梱包が１００件以上終わっていないようです。どうしましょう?」

私は通信販売課に来てから出荷が遅れるという経験をしたことがなく、この事態を聞いたときに、「今報告されても、すでに配達業者の集荷が終わっている。どうしてもっと早く言わなかったのか」という同志を責めたくなる氣持ちと、混乱、緊張感に包まれました。

販売チャネルが増え、ホワイトデーの需要が一氣に高まったことにより、出荷実績が前年比約300%と想定を超えていたにもかかわらず、私自身が企画とカスタマーサポート業務の兼務で精いっぱいになってしまい、出荷チームの「大丈夫です」という答えを鵜呑みにして、フォローが行き届いていませんでした。

すぐにI取締役、N部長へ報告し、私はお客様への対応フロー準備を整えました。翌日には当時コールセンターを委託していたM社様に560件架電を依頼、架電をしきれなかった分はメールの配信を行ない、急ぎ対応すべきお客様に対して、私とチーム同志のKさんで二次対応をしました。

クレーム対応は精神的に重かったのですが、

「一番困っているのはお客様だから、これ以上お客様のご迷惑にならないようにできる限りのことをやろう」

「これが2、3日後だったらホワイトデーに被っていてもっと大変だったから、今でツイていた」

とプラスにとらえました。

お詫びのお電話やメールをする際も、反省の氣持ちとお客様の氣持ちに寄り添った提案をしたところ、対応件数560件中、炎上した案件は0件。

ご迷惑をおかけしているにもかかわらず、「シュクレイのお菓子が好きだから買ったの」という嬉しいお言葉や、「大変な時期だけど頑張ってください」と励ましのお言葉をくれるお客様までいらっしゃいました。

Sさんからの「シュクレイのお客様は本当によい方ばかりですね」という言葉で、日頃から「電話を聞いて、メールを読んでお客様がどう念うか」と心がけて取り組んだことの結果であると実感しました。

無事に対応しきれたのも、出荷遅延発覚当日の夜にO取締役やYマネージャーが駆けつけてくださったり、営業部やロジスティック部、生産部の同志の梱包作業の応援、阪本社長、Tマネージャーがお客様へ手持ちでお届け対応してくださったりと、全部署で、多くの方々がサポートしてくださったお陰です。心から感謝しています。

今回の出荷遅延は、カスタマーサポートの同志の多くが常に残業をしており、疲労がたまり体調不良者が続出する日もあったので、受注処理が間に合わず起こっていた可能性もあります。

そんな環境を見直すため、私は自社ECサイトのカートシステムと受注処理システムのリプレイスを実施しました。

今までのシステムでは、熨斗《のし》などのギフトオプションが細かく設定できず、お客様への個別メール対応が多いことや、注文を全件目視でチェックしなければならず、作業工数がかかることが大きな課題でした。

そこで、カートシステムはギフト対応に強いものへ変更、受注処理システムは他チャネルで使用しているものへ統一しました。

細かいシステムの調整や改修などを同志が率先して取り組んでくれたことにより、会員情報の移管・パスワードの再設定などお客様にかかわることがありましたが、大きな問題も起こらず、10月22日に切り替えることができました。

熨斗が選択しやすくなったことで、お客様への個別メール対応は50％削減、受注処理の目視確認についても85％の削減ができ、カスタマーサポートの業務改善につなげることができました。

また、今までは、お問い合わせに対して丁寧な回答をすることを一番に考えていましたが、兼務がなくなり企画チームとなった今は、問い合わせをする必要のないサイトづくりへ視点を変えることにしました。購入の離脱防止と、問い合わせが減ることでメール対応件数も減らすことができます。

コールセンター業務を委託しているケイシイシイの同志から改善の提案をいただき、すぐに対応することを心がけています。体感レベルではありますが、同志から、問い合わせ件数が減ったという嬉しいお言葉もいただいています。

最悪の事態に直面したお陰で、私自身の経験知を高め物事の考え方を変えることができました。また、Ｓさんをはじめとした同志たちも、自ら新しいことにチャレンヂしてくれ、通信販売課は頼もしく成長し続けています。

最後になりますが、今後の決意を発表します。

通信販売全体では今期、前年比平均２５０％となっていますが、楽天やアマゾンなどモールの取り組みが牽引しており、自分が担当している自社ＥＣ単体で見ると前年比平均１０９％とあまり伸ばせておらず、非常に悔しい念いをしています。

モールの取り組みに負けないよう次のアクションとして

・ブランドホームページとオンラインストアのリニューアル

・自社ECのポイント制度の導入
・販売予定の精度を高めるツールの導入と運用

を実践していきます。

この三つの対策によって、「現役顧客16・4％から30％に伸張」「毎月、前年比130％必達」「販売予定誤差20％以内に収めること」を目標に取り組んで参ります。

サポート部門の現場力が大切

通販部門大幅な売上増。これはこれで嬉しい悲鳴ですが、製品調達や梱包、発送などのバックアップ体制が整っていないと、それがクレームの原因になってしまいます。このケースはまさにそのような〝最悪〟の状況になったわけですが、寿スピリッツの基本的な考え方として、「クレームはお客様をファンにする最大のチャンス」ととらえています。

クレームをふつうに〝処理〟していたのでは、お客様は表面上は納得した言葉をかけてくれますが、内心どう念っているかわからないものです。誠心誠意、お客様が感動するほどのクレーム対応することで、お客様はファンになってくれるのです。

「大変な時期だけど頑張ってください」と励ましのお言葉をかけてくださったお客様が

いらしたこと自体、「お客様が感動する超現場主義的対応」だったことの証明です。

お客様との対面販売については一定の評価をいただいている寿スピリッツですが、通信販売も「すごい！」と言われるように、販売方法や表現の仕方、購買意欲をかき立てるコピーや写真など、いろんな工夫をしています。

前述のように、コロナ禍で対面販売の売上が激減したときには、当然ながら通販チャネルに期待がかけられるし、通販部門も「直販のマイナスをカバーするのはわれわれだ！」との使命感も高まりました。

12 攻撃は最大の防御なり

孫子の兵法が出典である「攻撃は最大の防御」は経営者が好むフレーズですが、孫子の趣旨は「やみくもにガンガン攻め続けろ」という意味ではありません。兵法書には「勝つべからざるは守なり、勝つべきは攻なり」とあります。意訳すると「勝てないときは守り、勝てそうなら攻める」。そのココロは「守りが基本」「好機が来れば攻めに転じる」ということです。

コロナ禍の間隙を縫って新規出店

「一点突破全面展開」も孫子の兵法が出典と言われます。弱者が強者を破る軍事戦略として知られていますが、現在ではランチェスター戦略などのマーケティング理論として活用されています。

世界中が新型コロナで窒息状態となった2020年6月、ケイシイシイは「GLACIEL表参道店」をリニューアルしました。シュクレイも「東京ミルクチーズ工場」羽田空港第1ターミナル店をリニューアルし、「オリエンタルショコラ byコートクール」を新規オープンさせました。同じ年の8月には、ケイシイシイが「PISTA & TOKYO」東京ギフトパレット店など3店、シュクレイが「COCORIS」(グランスタ東京)など4店を立て続けにオープンしました。

「グランスタ東京」はJR東日本最大のエキナカ商業施設であり、ここでの成否が寿スピリッツグループ成長のカギを握ると言っても過言ではありません。

世界中が新型コロナの大流行に息をひそめているとき、寿スピリッツは新規店舗の出店を準備していました。もちろん社会経済が混沌としているなかで相当な勇氣が要ることですが、やがて収束するであろうコロナ禍のあと、すぐにスタートを切ることができる準備をしておく、それがコロナ後の成長のドライバーになると考えたからです。

東京駅でトップ店となった「100対策」の実践

株式会社シュクレイ　ココリスグランスタ東京店
店長　Tさん

「Tさんがココリス（COCORIS）」で今も忘れられないことは何ですか？」

ココリスがあるグランスタ東京のエリア担当であるNさんにそう聞かれ、この1年半を改めて振り返りました。

私がココリスで一番忘れられないことは、8月3日、ココリスオープンの日。近隣の競合店が開店から長蛇の列をなしているなか、ココリスだけに列がまったくできなかったことです。

無名に近い新ブランドのココリスは、大きな声で必死に呼び込んで、全員で、店舗前でリーフレット配りを行ない、なんとか1人、2人とお求めいただけるような状況でした。

不安……そんな一言では表せきれないほどの大きな焦りで、今にも泣き出しそうになりながら呼び込みをしていたことを、昨日のことのように覚えています。

8月実績も決して大成功とは言えないオープンからのスタートでした。そのとき私は二つの目標を立てました。

①ココリスの魅力を世界中に広めること
②競合店に勝ち、東京駅1位を取ること

この目標を胸にいだき、次から次へと対策を繰り出す「ココリス100対策」を毎日打ち続けました。

他の店舗に列ができる理由は何だろうか。

なぜココリスにはお客様がいらっしゃらないのだろうか。

毎日その差を必死に模索しました。

そしてココリスに足りないものに氣づきます。それは、「今、ここで買うための理由」です。ココリスで今買わなくても、いつ来ても全商品買える。他の店舗では少しでも早く並ばないと他の人に取られて売り切れてしまうおそれがある。その差でした。

私は、すぐに「再入荷」を実施しました。完売、売り切れていた商品を「今からなら買える」というアピールが、限定商品を求めるお客様に大ヒット！　ココリスにも一氣に長蛇の列ができるようになりました。

ですが、再入荷でお客様を集めることはできたものの、列が伸びるのは、その一瞬です。再入荷の時間までは、以前と同様に、列はできません。

オープン前から閉店間際まで行列ができる他店舗との大きな差を縮めるためには、再入荷の対処だけではまったく足りませんでした。

では、どの時間に来ても「今、ここで買う理由」をつくり続ければよいのだ！と、午前中限定販売・個数制限販売・時間帯限定超試食など、朝から閉店間際までさまざまな対策を試みました。

午前中の限定販売が終わったらすぐに個数制限販売、１日３回の時間限定超試食では「この時間しか試食できません！」とまずお客様に集まっていただくきっかけづくりを、修正実践を繰り返しながら毎日行なっていきました。

そして少しずつ、少しずつ、ココリスを目指してご来店くださるお客様が増えていき、ココリスの前に大きな列ができることが目立ってきました。

オープン当初は２３００万円以上あった競合店との差も２０００万円…１０００

万円と徐々に差を縮めていくことができました。

ところが、同志全員で声を張り上げ、限定販売を盛り上げていた矢先、コロナ禍の情勢悪化による「呼び込み禁止」の規制という大きな課題にぶち当たりました。

ココリス販売の命とも呼べる呼び込みができない……。それでも「ここで足を止めてはけない！」と諦めずに、イベントなどの対策を次から次に打ち続ける「100対策」を実践しました。

同志たちが使用していた呼び込みのパワーワードを文字に起こし、「聞こえる呼び込み」から、「見える呼び込み」へ超絶シンカ。声を出せなくても、「間もなく完売です」などの看板を掲げると、それを見たお客様が興味をもってココリスへ向かって来てくれたのです。

また、店舗前に列を配置し、パーテーションで大きく囲うなどさまざまな工夫をして、自粛ムードで静まり返ったグランスタにココリスだけ大きな列を伸ばすことに成功したのです。

そしてついに12月、2000万円以上あった差を一氣に150万円まで縮めることができました！

その後、緊急事態宣言が発令され、平日平均150万円の売上だったのが、40万円と急ブレーキをかけられ、東京駅に人がまったく歩いていない状況に追い込まれても、新たな対策を打ち、「カウントダウン」を実施。どんな状況になっても決して諦めず、「ココリスに来れてよかった！」と喜んでもらえるイベントを毎日、毎時間実践し続けました。

どんなに声を張り上げても見向きもされない。そんな日が続いても、店頭に立ち全身全霊でココリスを盛り上げ、走り続けた結果、ついに3月、ココリスは、競合店との絶対に勝てないと念ってしまいたくなるほどの大きな差を、約半年で追い越すことができました。

そこで私はもう一つ立てていた目標を念い出します。

「東京駅第1位」です。

絶対に取る！　そう声に出し、さらに走り出しました。

季節限定販売であったプレミアムピスタチオサンドクッキーを増産したお陰で、再入荷・再々入荷と大イベントを2回実施できるようになりました。

さらに、ここで「イベントエブリイタイム」が確立します。

午前中限定商品が完売したら、すぐに別の商品をカウントダウン販売、昼に再入荷を行ない、完売したらまたすぐに別の商品をカウントダウン販売……と何もない時間をつくらず、一日中限定販売イベントを徹底的に行ないました。

夕方の再入荷のみならず、オープン前から限定商品をめがけて列ができ、「完売してしまうから」と急いで並ぶお客様で東京駅ド真ん中のコンコースをココリスの列で埋め尽くすほどでした。ずっと憧れていた〝ブルーオーシャン〟の光景を実現することができたのです。

そうしてなんと5月、私の目標・夢であった「東京駅全店舗ランキング1位」を獲得することができました！

私のなかでもう一つの忘れられない瞬間となりました。

私はまたチャレンジする機会をいただき、12月1日、品川駅に新ブランド「フィオラッテ」をオープンいたしました。ここでも毎日全力でフィオラッテを盛り上げてくれる同志たちに恵まれ、昨日までの実績で、「リニューアルエリア売上ランキング第1位」を獲得することができました。

これからさらに盛り上げていくべく、ここで二つの目標を掲げます！

一つは、フィオラッテを日本だけでなく世界中の方々に愛されるブランドにすること。二つめは同志全員で手を取り合いながら「品川駅第1位」を獲得することです。この二つの大きな目標の実現を目指して、最高で最強の店舗にするべく、また一から駆け抜けてまいります！

東京駅を制する者は日本を制す

東京駅は、土産菓子業界にとって日本一のターミナル駅です。東海道新幹線、北海道新幹線、東北新幹線、秋田新幹線、山形新幹線、上越新幹線、北陸新幹線、それに山手線や京浜東北線、東海道線、中央線、地下鉄などが交差しています。東京駅の店舗で第1位の実績を上げたことは、「日本一」の称号をもらったも同然です。

その東京駅がコロナ禍で売上激減の状態になりました。これは競合他社も同様です。マスクでの接客はお客様に表情が伝わりません。大きな声での呼び込みや、得意の試食販売は館様から禁止され、店舗販売の現場は大変苦労したことでしょう。

それでも、なんとか突破口を切り拓いていくのが寿スピリッツの超現場力なのです。Tさんが実践した「100対策」と「エブリタイムイベント」は、まさに販売の現場力の真骨頂ともいうべきものです。

13 禍転じて福と為す

ブランド価値を大きく下げた「在庫品売り」

コロナ禍中では、ほとんどの店舗が閉鎖され、工場のラインも動かせない日々が続きました。そんな環境が続くと普通は、「在庫品を売り切ってしのごう」と考えるのではないでしょうか。実際、同業他社のなかには自社のブランド商品をネットで安売りしたり、量販店での全国販売に踏み切ったりした会社もありました。

結果はどうだったか――在庫一掃はできたが、自社商品のブランド価値を大きく落としてしまったのです。

これは、プレミアムギフトスイーツビジネスではタブーなのです。それまで土産店などで1000円で売っていた商品をコンビニで500円で売ったとしたら、1000円で買っていたお客様は二度と1000円では買いません。東京でしか売られていなかった〝東京土産〟が地方都市のコンビニで売られていたら、次に東京に来る機会があっても二度と東京でその商品は買いません。

私たちも、これまで経験したこともない大量の商品廃棄に直面しました。ただ廃棄するのではなく、地域の子どもたちや医療従事者に寄贈する取り組みをグループ全体で行ないましたが、スーパーマーケットやディスカウントストアに卸すことはまったく考えなかったし、一切やりませんでした。

コロナ後を見据えて動く

「損失を最小限にしたい」氣持ちは他社と同じです。だが、これまで築きあげてきた寿スピリッツグループのプレミアムギフトスイーツが、どこでも買える商品になってしまったら商品価値は一挙に落ち込んでしまいます。ブランドの魅力が失われた末、日常生活が戻った後には誰にも見向かれなくなってしまうかもしれません。それは、「喜びを創り 喜びを提供する」経営理念にも反することになります。

そこで私達は、コロナ禍でも、あえてブランド価値を高める努力をしました。徹底的にプレミアムギフトスイーツにこだわり、ブランド価値を高めることにこだわったのです。

その一方で、コロナ後を見据えた新商品、新ジャンルの開発を目指しました。

コロナ閉店によって日々のルーティンワークに追われないですんだことも「禍転じて

福と為す」結果を導いたのかもしれません。一歩立ち止まってみることによって、既存の商品、売り方、製造ラインを見直すだけではなく、新しいジャンルに挑戦するきっかけが生まれたのです。

「冷凍デリカ」への挑戦

株式会社ケイシイイシイ　特販部新千歳空港直営店
店長　Hさん

私が創業者魂を学ばせていただいたのは、通販の冷凍デリカ（惣菜）です。

2017年、ダイレクトマーケティング部にいた頃、新規施策として「冷凍デリカを新たに仕掛ける」という方針が発表されました。冷凍デリカは、たまたま入社面接の提言資料で「実現したいことの一つ」として提案していたものです。

私もチャンスをいただき、このプロジェクトに携わるようになり、2018年9月、初回5品の商品を投入して展開が始まりました。年度末までになんとか確保した売上は3500万円、しかもメインであるビーフストロガノフの「肉が固い」というクレームが複数件発生、改善の取り組みなども行ないましたが、委託メーカーさんとの取引が数か月で終了する事態になり、前途多難なスタートでした。

転機は２０２１年３月21日付の企画開発部への異動でした。当初から開発を手がけるフレンチシェフのＹさんと強力なタッグを組み、開発を推し進めていきました。

まず取り組んだのは、製造委託先との徹底した話し合いです。商品開発のときだけでなく、サンプル製造のレクチャーや製造方法などの打ち合わせはもちろん、製造を断られそうになったときにも、こちらから出向いて、粘り強く交渉しました。Ｍ様やＳ開発様、設備投資までしていただいたＫファーム様など、やったことがない商品に一緒にチャレンヂしてくださるほど、のちに強力なパートナーシップを築くことができました。

次に意識して取り組んだのは、新商品をたくさん投入すること。冷凍デリカカテゴリーに注目して、さらに期待していただくために、1～2か月ごとにどんどん提案していく必要があると考えました。賞味期限が1年近くもつ商品が多いことから、積極的に推進、レシピ開発の負担も非常に大きくなるため、雑誌やネットの情報を読み漁り、イメージができるように、参考となるサンプルを積極的に取り寄せて、開発課を巻き込んだ試食と意見のすり合わせを徹底して行ないました。

まず、比較的手を出しやすいカレージャンルに着目し、道産牛の赤ワインカレーに続き、シーフードカレーやパキスタンカレーなどを開発。1年でカレー全種合計約3万9000食を販売しました。今では、カレーだけでも6種類に拡大しています。

また、私の当初からの強い要望により、15品目のこだわりの商品が詰まった「冷凍デリカおせち」の初の商品化にも取り組みました。

ルタオの冷凍デリカの価値を高めるために、「絶対必要だ！」と考えていた商品なので、製造オペレーションの設計から製造作業も含めて、積極的に携わり、カタチにすることができました。

私が冷凍デリカにここまで情熱を持てるようになったのは、やはりYシェフの存在です。30年以上にわたって厳しいフレンチの世界で腕を磨いてきたYシェフの料理は、インパクトある見せ方と緻密で高級感ある味つけが本当に素晴らしく、その美味しさに何度も感動させられました。

しかし、ルタオのカフェレストランだと提案できるメニューの幅が限られてしまうため、悶々としていた時期があったようです。そして、会社を辞めて、自分の店を開く直前のところまで本氣で考えていたことを知り、驚きました。

「ルタオはお菓子屋だからしようがないんだよね」

私はYシェフのその言葉を聞いて完全にスイッチが入りました。

それは絶対に違う！

もともとケイシイイはチョコレートの会社がスタートで、のちにチーズケーキの会社というイメージができてきた。そして、パンやアイスなどさまざまな広がりができている。それは、先人たちがそれまでの既成概念を壊し、しかし経営理念はぶれることなくチャレンヂしてきたからこそカタチになった。自分たちもその先陣となり、冷凍デリカをさらに推進して、ルタオはお菓子屋だけど、「こんな本格的な冷凍デリカをつくっているのか」と世の中を驚かせよう。シェフの料理の表現の幅を念いっきり広げよう。

そう決めて、Yシェフにも伝え続け、ハッパをかけまくりました。

ふだんはお店で出せないような本格的なフレンチを「冷凍デリカ」として提案できる。しかも、ドゥーブルフロマージュをはじめ、冷凍スイーツの人氣ぶりは、冷凍食品への信頼にも活かすことができる。そして、イベントに合わせて、食卓全体の提案ができ、ケーキとデリカのセット販売もできる。その意義と可能性を考えれば考えるほど、燃えまくりました。

じつは、過去に通販で冷凍デリカを一部展開して、途中でやめてしまった経緯があったようです。私は絶対にそうならないように、かかわる同志たち全員にこの情熱を伝え、ご協力をいただくためにも、冷凍デリカの売上報告を欠かさず毎月メール配信し、売上成長を実感していただく取り組みも行ないました。

氣がつけば、2021年3月まで1年間で、新たに22品の冷凍デリカを商品化できました。

たくさんの商品提案を快く受け入れて、積極販売をしてくださったダイレクトマーケティング部の同志、ならびに日々の発注コントロールをしてくださった同志のお陰で、売上も事業開始3年目で1億5500万円を突破、初年度の3500万円から450%以上の伸びを達成、初の試みであるデリカの3万8600円の高級おせちも、100セットすべて完売しました。

Yシェフも「次は目標3億円だ。いや、4億円だ」という言葉が出てくるくらい、氣がつけば私に負けないほどの情熱を持ち、さらに熱く考働してくださるようになりました。

かつてクレームを引き起こしてしまったビーフストロガノフも、製造工程を見直し、肉の部位、カットサイズを見直し、今では通販レビュー評価5点満点中4・4の高評価で、年間2万5000パック以上の主力商品に大成長しました。

冷凍デリカは今後、必ずや会社を支える事業の一つに成長していくと確信しています。ドレモルタオ（千歳市内の大型店舗）やルタオ大丸札幌店での取り扱いも始まり、売上も好調のようです。また、ほかの百貨店様からも出店問い合わせが来ているようで、さらなる展開が期待できます。

ケイシイシイは圧倒的にルタオブランドが強い会社です。だからこそ、自分がかかわることでその価値をしっかりと創り出し、これまでの価値に積み上げていく必要があると考えています。

では、冷凍デリカに関し、自分の介在価値といえるものは一体何なのか、削ぎ落として考えると、シンプルに「情熱」しかないと氣づきました。商品の美味しさ、そして同志の存在に対する感動が源泉の情熱です。

このたび、部署異動により、新千歳空港店店長という新たな志事に取り組み始めました。今回学んだ情熱を最大限に活かし、同志たちに情熱を着火させまくることが次の目標です。そこから新たな価値を創り出せるよう、自分自身をさらに高めてチャレンヂし続けてまいります。

冷凍デリカとプレミアムスイーツのお客様は同じ

お菓子屋が冷凍デリカを手掛けるのは一見別の事業のように思われますが、じつはお客様は同じなのです。冷凍デリカは、親しい人への手土産にしてもいい、わが家の食卓にもう一品彩を与える、自分へのご褒美としてもいい——購入動機は同じです。しかも当社の場合、すでにケイシイシイにある冷凍設備や冷凍技術のノウハウをそのまま活かすことができます。

とはいえ、冷凍デリカの製造過程そのものは寿スピリッツの製造ラインにはない。美味しいフレンチを創ってくれるYシェフの存在は心強いことですが、製造委託先がどこまでYシェフやこの事業の責任者であるHさんの念いや要望を受け入れてくれるかがポイントになります。交渉は順調にいかないこともしばしばでしょう。工程やコストの点で委託先に「それはできない」と断られることもあったでしょう。

それらの課題を解決してきたのは、Hさんの当事者意識と情熱ではないかと念います。「自分がやらなければ誰がやる」と、まず自分が取り組み、そしてYシェフとタッグを組んで、諦めずにやってきたことが販売実績にも表れています。

第3章

コロナ禍での「寿シンカ論」

14 三つの力をシンカさせる

「全員参画の超現場主義」の特徴は、各現場の同志が自ら考え実行し成功事例を創り出し、他の部門はそれを共有して学び、新たな成功事例を生み出す連鎖的相乗効果です。新型コロナの直撃は、各職場、同志一人ひとりに「立ち止まって考える時間」を与えてくれました。コロナ後を見据えた中長期の戦略・戦術の萌芽がグループ全体から噴き出したのです。その結果、コロナ禍でもさまざまなシンカが生まれました。

商品力のシンカ　既存ブランドの主力商品を昨日より今日、さらに磨いて美味しくする努力と、ずば抜けた新商品を創り出す発想が湧き上がりました。壽城の「栃餅」のリニューアル」と価格改定もその一つですが、コロナ危機下において効果的リニューアルと多くの新商品が生まれました。

接客力のシンカ　マスク着用や試食、大声呼び込みの禁止など、さまざまな制約のなかで現場の知恵と工夫が際立ちました。２０２１年６月、東京駅のスイーツ売場売上ナンバーワンになったシュクレイの『ＣＯＣＯＲＩＳ』（ココリス）店長は、「どんな制約があっても予定売上突破を諦めたことはなかった。全員であらゆる努力、工夫をした」と言い切っています。

販売力のシンカ　積極的に新マーケット進出を試みました。百貨店、ショッピングモール、アウトレットモールでの催事・売場展開、生活協同組合のチラシ販売、ふるさと納税対策……目先の利益確保を求めるのではなく、コロナ後を見据えた戦略的布石が各所で打たれました。

商品力、接客力、販売チャネルの拡大などさまざまな現場力が発揮されました。そのうちのいくつか実例を紹介します。

ニューコンセプトメーカー

株式会社三重寿庵　鈴鹿支店
Uさん

現在も続くコロナ禍で、お客様のニーズもずいぶん変わりました。本物志向の高まりは以前にも増して進み、過去最高レベルにあると感じています。

私が担当する長島地区でも、その傾向は変わりません。以前から、オリジナリティのある商品開発、販売戦略に取り組んできましたが、既存の値上げ需要をベースとした展開では、お客様に新たな価値を訴求できておらず、売上は伸び悩みました。

この環境下でも業績を伸ばすには、新しいターゲットの開拓と、それができる商品クオリティが必要であり、その成功事例を創る使命が私にはあります。

担当の長島地区で新たな手を考えたときに、鈴鹿支店として成功事例がある自家需要展開に落とし込み、「冷凍うま生」の新商品を考えました。しかし、立案に向け情報収集すると、長島では、冷凍ホールケーキは過去に成功したことがありません。高難度のミッションであることがわかりました。

私は「これだ！」と念いました。誰も手を出していないからこそ需要を独占でき、大きな売上を創ることができます。そして、その新分野での成果は、先方様との圧倒的な関係づくりにつながります。

これをきっかけに長島地区の売上超絶アップにつなげ、三重寿庵の経営力強化を成し遂げると決意し、即考働しました。

さて、「商材は何でいこうか」と考えていたとき、N社の購買課担当者様から、「長島ファームのいちごシロップで商品開発しませんか？」とツイてるオファーが舞い込んできました。

その一瞬で商品の開発フェーズがイメージできました。すぐさま「やります！」と即答し、そのまま3日後のアポをとり、商談に臨みました。

商談では、弊社の自家需要展開の成功事例から、それをN社で展開したいこと、商品コンセプトなど、新戦略をイメージしやすいよう、ていねいに進めました。何より今回は初の長島産原料を使用するということで、お互いにとって特別な商品にしたいという念いが強くありました。

「新しい名物を創りましょう」

新売上づくりに熱を入れて商談しました。すると、ツイてることに、先方様としても自家需要の高まりを感じており、そんなときに私どもの熱烈な提案と商品の魅力がマッチし、企画のOKをいただくことができました。

また、今回特に要望していた条件改定での納入も快諾していただくことができ、さらに原料シロップの提供、レストランでの業務用展開もしたいという逆提案までしていただけるという最高の返事を引き出すことができました。

私は、超絶な期待値の高さを必ず成果でお返しするために、企画をスピードアップさせました。

新業務用展開は、当初先方が要求する単価と開きがあり難航しましたが、寿製菓の協力もあり、なんとか単価を抑えることができました。この新展開はN社全体を巻き込み、協力体制を構築するのに超絶なツールとして機能し、売場商談も有利に進めることにつながりました。

そして何より、1個1850円（税込）の高単価商品を共に売っていくうえで重要な、現場との一体感や念いを熟成させたことで、8月に、狙っていた全4店舗に完全プラスオンの新売場を獲得しました。なかでも、メインの売店では、店舗備え付けの大型冷凍庫を特別に単独で使用させていただきました。

販促物は、高級感あるパッケージデザインのエンジ色に統一し、高さ2・3メートルの背面写真大型パネルとディスプレイで購買につなげました。緊急事態宣言下の発売でしたが、ファミリー客層を中心に売上を伸ばした結果、８月納入実績１５４万円と最高のスタートを切ることができました。この実績がもととなり、下期の商談も有利に進めることができ、本売店と拡張売店に冷凍庫２台を新投入し、プラスオンで売場を獲得することができました。

電飾看板を多用した売場づくりは、暗い売店内でひときわ目立つ強力な存在感があり、高単価商品にふさわしい「魅せる売場」でお客様に商品の魅力を訴求しました。

特に拡張売店は、隅のコーナーに高さ２メートルのＬ字型壁什器を投入し展開しました。２枚の電飾看板に囲まれた売場は、超絶な世界観を創り、他社商品との圧倒的な差別化にもつながっています。こだわり、研ぎ澄まされた売場対策が、お客様に新しい価値を訴求しました。

その結果、Ｎ売店様、11月レジ実売数８６８箱、最繁忙期12月は実売数１５０６箱と、怒涛の超絶実績で、２か月連続売店売上第１位を獲得する最高の結果となりました。

また、長島地区全体売上は、この新展開がもととなり、11月は昨年実績１０５％のＧＯＴＯ実績超えを成し遂げました。さらに12月は、２０１９年12月の地区単月売上記録を超える単月売上過去最高を更新しました。そして、長島地区第３四半期売上も、一昨年比１２３%、粗利率31・５%を達成。この高利益率は、利益面でも全体を引き上げ、鈴鹿支店第３四半期営業利益実績昨年比１５５%と高利益経営体質の要因となっております。

Ｎ社で冷凍ケーキは売れないという既成概念を打ちこわし、新たな常識を創造したことで、２０２１年を完全勝利で終えることができました。

この勢いを来期以降にもつなげていくべく、「冷凍うま生」新商品は「売れてる感」の訴求を重点に、店舗内外の販促を強化し、来期に向けた準備を完了させます。ニューコンセプトメーカーとして、これからも、超絶の新常識、新売上に、笑いながらチャレンヂする姿勢で同志のやる氣を覚醒させ、どんな苦境にも勝ち続ける闘う集団を引っ張り、今期の経常利益、売上目標の突破を鈴鹿支店一丸となって成し遂げます。

そして、来期の三重寿庵は完全復活を成し遂げ、寿スピリッツグループの目標突破に貢献いたします。

他では真似のできないシンカが新マーケットを生む

売上を伸ばす方法にはいろいろあります。既存商品の販売数増大、販路の拡大、新商品の投入などが一般的でしょう。

しかし、新商品を投入すると既存商品の売上が下がったりします。新しい販売先ができる一方で、撤退する販売先も出てきます。売上の伸長はこれらの課題を日々解決していかなくてはなりません。

そこで、寿スピリッツでは、売上を大きく伸ばしていく概念として「ニューコンセプトメーカー」になることを推進しています。『こづち』では次のように解説しています。

> 私たちは人づくり、ものづくりを通して、新たな常識を自らつくり、革新し続けるニューコンセプトメーカーです。常に新しく、高い価値の創造を行なうため、新規顧客や新マーケットを創り出していくことこそ、私たちの使命そのものです。私たちは日常の対する関心力、未来への先見の明を持ち合わせ、ニューコンセプトメーカーとして成功の勝機をさぐり、目的、目標を明確にして、狙いを定め、他には真似のできないシンカをし続けるのです。

けっして既存のお客様をさらに増やすという発想ではなく、マーケット・インの発想から全く新たな領域を創り上げ、世のため人のために貢献するのです。私たちはお客様の喜びのために、寿スピリッツ流文化を創るのです。世界が驚き、憧れるコンセプトを創造し続け、日本が世界に誇るニューコンセプトメーカーとして、新たな時代を切り拓いていきましょう。

三重寿庵のUさんは、N社様担当として、このニューコンセプトメーカーをN社様と一緒に構築していきました。その成功要因は、N社様を新しいコンセプトの展開に巻き込み、一体となった関係性を構築したことにあります。

新しい概念・新しいジャンルの商品開発、圧倒的な差別化を図る売店や看板の工夫など、まさにニューコンセプトメーカーとなり、超絶な売上をもたらすと同時に、高利益体質を実現していることは高く評価されてよいでしょう。

15 新しい販売チャネルの開拓

売上を伸ばすために「新しい販売チャネル」の開拓は必須です。寿スピリッツの主要販売拠点は、壽城などの自社直営店舗のほか、駅、空港、デパート、リゾートやショッピングセンターでのテナント店舗です。これらの販売拠点をいかに多くしていくか、また人通りの多いところとか条件のよい場所を確保していくことが売上増に直結します。

大型アウトレットモールの可能性

そしてもう一つ、短期間のイベント、催事での販売も今後、大いに期待できるものです。ただし催事は、館様との綿密な打ち合わせやディスプレイなどの売場づくり、イベント当日の人員確保など、事前に準備することがたくさんあります。

次に紹介するIさんの事例は、大型アウトレットモールやショッピングモールを展開するM不動産様とのコラボレーションでした。双方の企画により、これまでにない大型の売場を設置することができ、それは売上にも直結しました。

突破口をこじ開ける

株式会社シュクレイ　営業部統括リーダー
Iさん

生産部から営業部へ配属され1年4か月が過ぎました。この私にとってあっという間の1年の振り返りをさせていただきます。

「コロナ禍だからこそ、新しい市場を開拓する！」

「シュクレイの第二次創業期だ！」

営業部へ来てからの私のスローガンです。

昔から、あらゆる事象の対極的視点を考え、リスクヘッジ対策として、臨機応変にポジショニングを取るのが私の得意としているところでした。私の性格を知らなければ、ただの天邪鬼《あまのじゃく》と感じている方も多くいたでしょう。

このコロナ禍で既存店売上が激減するなか、「新規獲得せよ！」との大きな指示は、「いよいよ待ちから攻めのときがきた！」と心躍る氣持ちで一杯でした。

私の担当は大きく三つ。
①ショッピングセンター、アウトレットなどのデベロッパー新規開拓
②生協共同購入新規開拓
③グループ卸（ＯＥＭ）
量販チームが開拓したグランツリー成功事例、ちょうどオープンしたハイブリッド店（＊生商品とギフト商品の両方を扱う店舗）のりんくうアウトレットモールを参考に、大手デベロッパーでの新規市場開拓を目標とし、「３か月以内に結果を出すぞ！」と決意。

ミッション、パッション、ハイテンション！で、多くの商談を行ないました。確定まで行かないものの、徐々に集合催事の予定や小さい場所での催事オファーにたどり着きました。

しかしここで、Ｋマネージャーから「目からウロコが落ちる」優しくも心にグサッと刺さる強烈な言葉が入ったのです。

「Ｉさん……誰でもできる催事の売場を取るのではなく、Ｉさんにしかできない提案をして、シュクレイの同志も先方もやったことのない、あっと驚くスケールの単独メガ売場を取りましょうよ。じゃないと、Ｉさんに営業に来てもらった意味がない

じゃないですか。これだったら僕でも誰でもできますよ。

新規の売上は0か100なので、中途半端にやるくらいならやめましょう！

ここで中途半端にやってしまうと一生中途半端のままです！

大きな売場が取れるまで時間かけていきましょう！

もともとゼロなんだから、特に僕は焦っていませんよ」


この言葉で目が覚めました。

「猪突猛進！」「攻めは最大の防御！」と考えている超攻撃的な私は、このコロナ禍で落ち込む売上ばかりに氣を取られ、いつの間にか「絶対に新規を取ってやる！」と自己中心的な使命感で、視野が狭くなっており、本来の目的を忘れていたことに氣づかされました。


私に課せられたミッションは、コロナ禍でお客様がいないなか、一生懸命シンカ対策を考え、ブランドを育てている販売部同志の皆様が直営店舗ブランドの世界観を活かすべく、常識をくつがえす大型セールスプロモーション展開です。

多くの集客力のある郊外の施設で、多くの方々に、大きな売場でシュクレイのブランドの魅力を伝え、まだシュクレイのブランドを知らないお客様にも楽しんでもらい商品の魅力を伝えなければならないのに……本当にただ目先の売上を取ることばかり考えておりました。

せっかく決めたスケジュールの集合催事は再度、原点から見直すことが必要と方向転換。今までの一方的な売りつけ商談ではなく、このコロナ禍での問題解決型の提案に切り替え、再度、お客様目線のシンカ商談を始めました。

反面、日々刻々と時間は過ぎ、社内では高いＭＰ（月間目標）を立てるも、１か月、２か月と売上はありません。

毎月の営業会議の報告は、決まっていないのに数か月後からスタートするぞ！と先の未来の夢を描いた決意発表の宣言のみ。まさに絵に描いた餅状態でした。

焦りの心も出てきたのは事実ですが、Ｋマネージャーの「僕は焦っていませんよ」の一言で救われた氣がします。しかし心の奥では「絶対に具現化するぞ！」と決めておりました。

「念ずれば花開く。このコロナ禍でお客様は不要不急の外出ができない！　うちの商品が買いたくても買えないお客様が多いんだ。そのような多くのお客様がいることを郊外にあるデベロッパー様には絶対にわかっていただける」と何度も自分に言い聞かせました。

そのようなとき、ツイてることにI部長から、I部長の前職で二十数年前に一緒に志事をしていたM不動産の担当だった方が、今、M不動産関連会社の執行役員になっているとのことで、さっそくコンタクトをとっていただき、運営本部の担当の方を紹介していただきました。

その担当の方は私の提案資料をすでに読んだかのように、現状のM不動産施設での問題点をすべて語り、ちょっと前まで在籍していたJ施設が今売上が苦しいので、「一回見に来て！」と、早速現場打ち合わせをしてくださいました。そしてついに、空いている通路にある大型スペースでの催事のチャレンジ機会をいただくことができました。

それだけでも嬉しかったのですが、お客様の氣持ちに立ち、悩みに悩んで作成した資料が、施設様の抱えている問題と合致していたことは本当に自分の進めていることが間違っていなかった、とホッとした瞬間でした。

この提案で勝利確信。同時進行していた首都圏のR施設でも、情報を共有し、広場独占単独出店のメガ売場の催事を獲得することに成功しました。

お陰様でシュクレイ初のMアウトレットパーク大型催事展開、Mショッピングパークの大型催事の2か所同時開催となりました。

その結果、Ｊ施設とＲ施設の売上はそれぞれ館ギネスを超えるものとなったのです。そして、早くも「次も出店してほしい！」と大興奮、何度も感謝のお言葉をいただきました。

この超絶結果には、催事経験豊富なＭさんが「待ってました！」とばかりにスムーズな運営を行ない、海老名から応援に駆けつけてくれたＮさん、Ｓさんのサポートがありました。また、平塚ではＫさん、Ｎさんというグランツリー大型催事成功経験者の運営協力もあり、本当に営業部同志の皆様に助けられた成果でした。

予想以上の売上に、商品を欠品することなく対応していただいた生産部、ロジスティック部の同志、売場パースや販促物製作に協力していただいた企画開発部門の同志、不慣れな発注でご迷惑をかけたセールス管理、人事総務の同志、そして、ビシッと方針を決め、率先垂範してさらっと売場に入り、多くを語らず、背中で男を魅せるＩ部長。すべての皆様のご協力があったからです。

この成功事例から、大型催事がスムーズに決まるようになり、緊急事態宣言中にもかかわらず、２月のＥシティ、Ａアウトレット、７月のＲ施設と愛知東郷、その他多くの施設様と大型メガ売場の世界観展開と館売上ギネスを創ることができ、その他、多くの商業施設様からお問い合わせをいただくまでになりました。

今では大型催事展開による販路拡大はシュクレイの常識となり、新生寿十策の「新マーケット進出」にまで掲げられるようになったのです。

また、札幌北広島アウトレットではケイシイシイ同志の力を借り、九十九島グループのAさんにもシフトインしていただき、追随して、アイボリッシュを展開。東海寿の同志にも東郷や岡崎SAに来ていただき、グループ各社この売上の苦しいなか、超上げ潮「オール寿スピリッツ」として、新しいロケーションのメガ催事売場獲得に大きく貢献できたと念っております。

新規開拓を皮切りにM不動産様との信頼関係もでき、新店情報や改装情報までいただけるようになり、来年オープンのR施設での催事含む案件も確保することができました。

このような超絶な体験はなかなかできず、生産部から、営業部への異動の機会をつくっていただいたS社長、K本部長、I部長、M部長に改めて感謝致します。

振り返ると、ここまでたどり着くまでには語り尽くせない多くの困難や課題がありました。

あのKマネージャーの言葉がなければ、未だにオラオラの攻撃的で手の付けられない自分がいたと念います。自分を見つめ直すことができ、改めて感謝です。

近い未来、これらが当たり前の売上となり、さらに会社が骨太になるように貢献し、新しい部署を立ち上げられるよう新マーケットを拡大すべく、今一度、氣を引き締めて参ります。

〝特別〟を演出する大型催事

催事販売はこれまで、駅やデパートが主戦場でしたが、それがアウトレットモールに広がりました。通常、百貨店で売っていた商品をショッピングセンターとかアウトレットモールで売るとなるとブランド価値は下がっていきます。そうならないためには〝特別〟を演出する特大売場でなければなりません。

高速道路のサービスエリアでも、特大売場を確保して特別感を出していくようなものでなければなりません。

こうした大型の催事を回していくと、大きな売上としてオンされていきます。

連携して催事販売しているアウトレットの館様にとっても、こうした催事によってお客様が来てくださることは大いにプラスになります。アウトレットとして、集客の目玉としてシュクレイの特別販売を活用できるからです。

また、生協などの通販では、チラシの紙面全面を使っての展開とか、他社がやらないようなことを大胆にやらなければ、当社にとって意味はありません。いずれにしても、アウトレットモールやショッピングセンターなどでの催事販売は、今までにない新しい売上を生みました。

16 海外事業での超現場力

コロナ禍によって海外事業はどうなったでしょうか。

当社の海外展開は、基本は提携先現地企業への輸出です。台湾、韓国、中国、シンガポール、タイ、フィリピン、インドネシア、オーストラリアと、提携先、輸出先は広がっていました。ところが、コロナによって特に中国がダメになりました。上海で商品を止められてしまう。こうなったらどうしようもないのです。中国はようやく「ゼロコロナ政策」を転換しましたが、それまでは経済活動が止まっていました。

ゼロコロナでも対策はある！

面白いこともありました。中国のパートナー会社が団地販売を始めたのです。団地やマンションに、一棟ごとに生協の班のような組織をつくって注文を取り始めると、面白いように売れたのです。当社から輸出した商品が余るのではないかと危惧していたのが、なんと完売したのです。

家やマンションから出られない。そこで、集団で注文して分け合う。これが、閉鎖された上海で生まれたビジネスモデルです。中国人はすごい。変化への対応力があります。ロックダウンされても食べなきゃいけない。工場が止まってもなんとかやりくりしなくてはならない。それぞれ置かれた立場でみんなで考える。海外の現地も創意工夫をこらしていたのです。

海外事業は、輸出業務がいかにスムーズにいくかどうかがポイントになります。国によって嗜好も違うし、法的な規制や商習慣も違います。それらの課題にいかに迅速、柔軟に対応していくかが求められるのです。そのときに重要なのは、同志や取引先の協力と連携です。海外部門担当者だけではさまざまな課題は解決しません。

現地、現場、現品で勝負する

株式会社シュクレイ　海外戦略室
Iさん

一年前の冬、私はなんのために志事をしているのか、見失っていました。すさまじい勢いで伸びてゆく輸出量。残業しても、家に持ち帰ってもまったく終わらない業務。

ここさえ改良できたら、もっと早く志事が進むのに……

問題点まで明確に見えているのに、それに手を付ける余裕もない。出張中も輸出トラブルに追われ、電話で日本の取引先や関係部署との調整。せっかく現地にいるのに、店舗をまともに見ることもできず、電話しながらパートナーさんにジェスチャーで、「次の場所に行きましょう」と伝えて店を去るという始末。

私は何のためにここまで来たのだろう……。

情けなくて、悔しくて、ホテルの部屋で泣きながらひたすら輸出書類を作成していたことを今でも覚えています。日本に戻れば志高く頑張っているまわりの同志はとてもまぶしく、「こんな私はシュクレイにいるべきではない」そう念っていました。

そんな最悪な精神状態のなか、マレーシアで新店舗がオープンしました。「カウカウアイス」を購入されたお客様が、カップを両手で持ち、写真を撮ることなくずっと幸せそうに眺めた後、一口ずつ大事に食べていらっしゃいました。

マレーシアのカウカウアイスは４６０円。「日本より安いじゃないか」と念うかもしれません。しかし、現地のマクドナルドのソフトクリームは50円です。初任給は7万円以下。この国の人にとってわれわれの商品は特別な存在なのです。

またフィリピンでは、店舗でアイスを食べたお客様がインスタにこんな投稿をしてくださいました。

「今日、私は世界一高いアイスを食べた。でも私の人生のなかで一番美味しいアイスだった」

心の底から嬉しくなりました。

毎朝唱和する経営信条。私たちはお客様に喜ばれることを自らの喜びとする。私にもまだこの経営信条は残っている。私の志事は喜びを創り、喜びを提供すること。ようやく、これまでの苦労は何一つ無駄ではなかったのだと念うことができました。

その数か月後にはOさんという新しい同志が加わり、ずっと課題だったインフラ整備を大々的に行ないました。二人で一からプログラミングを勉強し、数時間かかっていた作業が数分で終わるようになりました。ルーティンで手一杯の体制から、未来に投資する時間を捻出できる体制にシンカしました。

海外のお客様にどうやって喜びを届けよう？日本よりも圧倒的に飽きるスピードが早い海外。そのときしか味わえない美味しさ、日本のすばらしい四季を売場と商品を通して、お客様に楽しんでいただきたい。季節品を展開しよう！　また現地で生き残るためには、オリジナルのよさを残しつつ、その国に溶け込んでいくことが重要だ。

海外特有のイベントに合わせて最前線で闘い、背中を見せてくれるHマネージャー。すべての輸出を一人で完璧にコントロールし、どんなトラブルも臆することなく対応してくれる本当に頼もしいOさん。海外特有の厳しい規制やトラブルに対しても、常に前向きに全力でサポートしてくれるシュクレイの同志、また寿スピリッツグループの同志に感謝の氣持ちでいっぱいです。

華やかに海外進出し、あっという間に撤退を余儀なくされるブランドは少なくありません。そんななか、東京ミルクチーズ工場は、季節商品やフレッシュスイーツ、カフェ事業を積極的に導入し、〝日本品質〟を提供し続け、海外でも熱狂的ファンを創り続けています。

香港や韓国など、社会情勢により、昨対50％以下に売上が落ちるほど厳しい国もありますが、２０１９年の現地売上は昨対１３０％まで成長しました。

海外事業は５年目に突入します。シンカなしでは厳しい海外市場で生き残ることはできません。こういうときだからこそ、現地・現場・現品で勝負し、さらなる成長を約束し、寿スピリッツグループの海外事業を牽引してまいります。

寿スピリッツのニューフロンティア――海外事業

前職での輸出入業務知識を活かしたIさんは、当時煩雑だった輸出業務の整備をするなど、海外戦略室の中心的な存在です。持ち前の責任感の強さから、海外パートナーの要望にも応えていき、さらに社内関係各所とも連携をとり、今の輸出業務のベースを築きました。

業務量の増大や煩雑さなどさまざまな葛藤と闘いながらも前を向き、お客様や海外パートナー企業の立場に立って考え、部門の垣根を超えた連携によって独自の海外専用商品を創り出すとともに、国境を越えた経営理念の実践が世界中に熱狂的ファンを創り続けています。続いて、Iさんのレポートに出てきたOさんのレポートを紹介しましょう。

謙虚な氣持ちで接する

株式会社シュクレイ　海外戦略室
Oさん

私の志事は、海外のフランチャイズ店舗へ商品をスムーズに輸出することです。商品を購入してくださるお客様と直接かかわることがないため、「熱狂的ファン」や「お客様」という言葉は、共に働く「同志や取引先様」であるということを意識するようにしております。

コロナに直面したことで海外パートナーによって考え方が違うことが顕著になりました。今できる限りのことをしようとキツイ中でも前進しようとするパートナーがいる一方で、とにかく日本からの支援を求める他力本願なパートナーもいます。このようにいろんなパートナーと接することで、コロナで誰もが大変なときだからこそ相手のことを念いやり、業務を遂行しようという念いが強くなりました。

相手のことを念いやるとは具体的にどういうことか。それは超絶な志事の前倒しと情報共有でした。

同志は休業を取得し、取引先様もテレワークが当たり前となっていました。それにより、連絡をとりたくても休業で出勤していない、飛行機のスペースを確保したいのに航空会社の方がテレワークで、当日に回答がほしくてももらえない状況に直面しました。

そこで、急ぎの依頼が発生しないように時間とタスク管理を徹底的に行ない、志事のスピードアップを図り、月の半ばには月末までのタスクが完了するようにしました。

また、日本と海外とではコロナの感染状況も異なります。国によっては一昨年対比を上回る売上があり、日本で在庫を絞っているなかでも、安定的に海外へ出荷をする必要がありました。

そのために、随時海外の発注状況を工場や物流会社と共有し、生産調整と船便の確保を行ないました。業務の前倒しと情報共有は輸出をスムーズに行なうことだけが目的なのではなく、休業により限られた勤務時間のなかでスケジュール管理をしている同志や取引先様など、後工程の人たちに時間的な余裕をつくり、こちらの都合で相手の業務に迷惑をかけないというのも目的でした。

しかし、どんなに私達が準備しても予想外の出来事が起こってしまうのが海外事業。ここで一番印象に残った台湾のメープルマニア催事のお話をいたします。

2021年9月、台湾でメープルマニアが初出店。台湾は国の法律により、人工的なトランス脂肪酸が含まれた食品と放射性物質の規制で、日本の東北や関東の一部で生産した食品は輸入禁止となっています。そのため、現在日本で販売しているメープルマニアと同じ配合の商品は台湾に輸出することができませんでした。そこで、台湾用に材料配合と包装紙を変え、海外専用の商品設計を組みました。

企画、生産部門にご協力いただき準備完了、勝利確信で商品を輸出し、あとはオープンを待つのみ。そして待ちに待ったオープン初日。売上高220万円、なんと予定比600%という超絶な売上をたたき出したのです。

オープン4日目にして台湾北壽心のS総経理より緊急追加生産の打診。すぐに生産部に依頼して緊急追加生産の対応を行なっていただきました。

ここで忘れてはいけないのが、台湾専用の商品設計だということです。日本に在庫はありません。Ｉ統括と手分けをして関係各所に電話をし、原料の手配が可能なのか、資材の在庫はあるのか、飛行機のスペースが確保できるのか、１週間毎日調整に追われる日々でした。

ＳＮＳでも「開けた瞬間にメープルのよい香りがする！」「パッケージが可愛い！」と台湾のお客様から大絶賛で、メープルフィーバーは目に見えてわかり、大変喜ばしい状況でしたが、じつは私は手放しで喜ぶことができず、葛藤していました。

すべての手配が完了したのも束の間、台湾から微調整の依頼。緊急案件で多くの方にご協力いただいたうえに変更が発生してしまい、「急ぎの依頼で大変申し訳ないのですが」というフレーズを言うたびに私の心が疲弊していくのがわかりました。

「台湾のお客様へ商品を届けなければ！」と念う反面、オープン成功の喜びよりも同志や取引先様に迷惑をかけているのではないか、相手のことを念いやるという理念に反しているのではないかという氣持ちのほうが勝ってしまったのです。

しかし、それを救ってくれたのは、「台湾が絶好調で嬉しいですね！　全力でサポートします！」という他部署の皆様の言葉、Ｓ総経理を始め台湾北壽心同志の全力での支援、そして自分の志事を後回しにして緊急追加生産の手配を一緒に行なってくれたＩ統括の存在。もしＩ統括がおらず、すべて一人で対応をしていたら心が潰れていたでしょう。

あのとき誰一人として文句を言う人がおらず、むしろ感謝や労いの言葉が多く、改めてシュクレイ同志の人間力の高さに氣づかされました。他部署の同志・取引先様のお陰で、通常は発注決定から輸出まで約1か月半かかるところを、今回は3週間で商品を輸出。1か月にわたる台北でのメープルマニア催事は大成功に終わり、台湾北壽心も月次売上過去最高実績を生み出すことができました。

海外推進課は今年、接客のプロであるSさんを新しいメンバーに加え、物流・接客・売上戦略で安心な状況が整い、パワーアップしました。そして2023年も海外事業は新しい案件が控えております。

中国での食品輸入に関する新しい規制と東京ミルクチーズ工場インドネシア進出の始動です。私は国際物流の業務を担っているポジションとして、この2件の輸出を成功させることが来年の課題です。

新しい規制や新規国への輸出は他部署やグループ会社の皆様・取引先様のご協力なしでは成功できません。常に同志・取引先様に支えられているという謙虚な氣持ちを忘れず、今後も志事に取り組んで参ります。

17 サポート部門の超現場力

ブランドの価値を高めていくために、デザインワークはとても重要です。チラシやポスター、ホームページのデザインワークを外部の広告代理店やデザイン会社に委託している会社は多いと念いますが、寿スピリッツは通販部門に写真撮影やデザインなどの制作チームがあります。このことについて、『こづち』では次のように解説しています。

> 商品そのものに魅力がなくては、いくら努力しても労多く実りにくくなります。また、価値を向上させていくには、企画、製造、陳列、販売など、ブランド開発のあらゆる局面で誠実な姿勢や弛《たゆ》みない努力が必要です。
> ブランド価値を上げるためには、何が特徴なのか、何をお客様に提供したいのかという明確なるコンセプトを打ち出し、独創的で説得力のあるストーリーを伝承していくことがポイントです。

ブランド価値を上げる

株式会社寿香寿庵
営業部企画通販課　Fさん

今年で、入社して8年目を迎えます。自分の志事を振り返ってみると、任されることが増えるとともに、商品をよりよく見せるためにどうすればよいか、強くこだわるようになってきました。この1年、特にこだわったことを発表します。

一つは、季節やイベントにあわせた商品写真のディレクションへのこだわりです。1年を通して、売場には定番のバニラフロマージュやフレンチトーストラングドシャ、チーズケーキ・ジェミニ、抹茶ラングドシャ・グラッチャが置かれていますが、商品の販促物は年中同じではありません。

スイーツの売上が落ちる各シーズンの対策として、夏になると売場を「ひんやり冷やして、パキっとなる」と謳い、それにともない販促物も「ひんやり」訴求が始まります。

しかし、それまで夏だけの主力商品の写真を使用したことはなく、通年使用している写真に「ひんやり」という文字を入れ、夏のＰＯＰとして通販ページなどに採用していました。

夏になると、街中や通販ページではスイーツを海のそばで撮ったような演出の写真や、氷を敷き詰めた上に並べられたひんやり清涼感のある写真などをたくさん見かけるようになり、「なぜわが社はそういう類の写真がないのだろうか？」と疑問を感じ始めました。

写真を夏仕様にして売場に添えることで、売上が下がる夏でも、とても美味しく食べられることをもっともっとダイレクトにお客様に伝えられるのではないかと念い立ちました。

そこで、メイン商品のまわりに氷を敷き詰めて、使用したことがなかったガラスの皿を使って、「ひんやり」を訴求した商品写真のディレクションを考えました。

この写真撮影はいつもお世話になっているスタジオで行ないました。涼しげな水色のシートにガラス皿に載せたバニラフロマージュを置き、テイク氷をちらしました。さらに氷が解けた感じをリアルに出すために、テイク氷に霧吹きをかけることをその場で念いつき、よりひんやり感をプラスしました。

同じような流れで、フレンチトーストトラングドシャも撮り、続いて京都ヴェネトの商品は、コンディトライ神戸と差別化を図るため、商品の下に敷くシートはお抹茶の色が鮮やかに映るように、濃い青色に差し替えました。また、氷でシートの色が隠れないように氷の分量を控えめにし、青の面積を多くするなどの微調整をしていきました。こうしてこだわり抜いた写真が出来上がりました。

「売場に早く季節感を出したい」

そう念って店舗用のＰＯＰの制作に取りかかりました。通販ページもこれらの新しい写真に切り替えた結果、該当商品の売上を前年比２８５％と大きく上回ることができました。

二つめは撮影のこだわりです。

昨年は通販ページ内の母の日や父の日、クリスマスの商品撮影もイベントごとのシーンにあった背景の色に替えてみたり、ギフト包装のイメージ写真も、お家で受けとった雰囲気を出すために、自宅テーブルの上で撮影したりと、出張撮影にもチャレンヂしました。

特に力を入れたのは、二度目となるビスポッケの空のエクレアの撮影です。この商品は珍しい野外撮影です。この年はサクランボを載せて、よりクリームソーダ感が増して可愛くなった商品を初登場のクオリティを超えるように写真に収める必要がありました。

しかし、この商品の写真に関して当初、撮影はせず、前回の写真にサクランボを合成すればいいのでは……と会議ではあがっていたようでした。

私はそれを聞いてお尻に火がつき、「前回を超える写真を撮りますから、新たに撮りましょう！」と一回目の空のエクレアの写真撮影に同行してくだったUマネージャーに訴えました。


撮影当日、天氣は空のエクレアにふさわしい青空でしたが、ここで一つ問題が発生します。

撮影を予定していた前回と同じ大阪の某ビルの屋上がまさかの閉鎖。予想外の展開となり、なんとなく諦めモードになりましたが、代わりになる場所がないかと辺りを見わたしながら歩きました。

とにかく持っていたエクレアとクリームソーダ用のアイスクリームが溶けてしまう前に見つけなければと、かなり追いつめられた状況でした。しかし私は、追いつめられると能力を発揮できる強運の持ち主でもあります。今回もこの運が降臨し、「ここで撮れそうじゃないですか！」と目をつけた場所は、空が大きく見える広場で、エクレアを載せる組み立て式のイスが組めそうな奥行と、高さのある塀があるスポットでした。

すぐに撮影の準備に取りかかり、炎天下のなか、少しでもアイスが溶けないように日陰でクリームソーダをつくり、急いで商品をセットして撮影しました。

出来上がった写真は、炎天下の苦労が報われる、爽やかな納得のいく出来栄えでした。この写真とともにアップしたプレスリリースは、過去最高の閲覧数1位の記録となり、多くのメディアに取り上げていただき、その結果、通販サイトの集客にも成功しました。さらにビスポッケの店舗にも、「記事を読んで来ました」というお客様がご来店くださり、「自分がかかわったことがお客様の喜びにつながった」と、嬉しさがこみ上げた瞬間でした。

今後も引き続きお客様の喜びにつながる商品の表現ができるよう精進し、さまざまな自分の経験を通して、ブランドが立つような商品の魅せ方を創意工夫してまいります。

写真１枚で売上倍増！

Ｆさんは企画通販課のなかでデザインと写真撮影を担当しています。プライベートでは日本画の個展を開くなど多才でパワフルな社員です。持ち前の感性と抜群のデザインセンスで超絶な写真を生み出し、通販の大躍進にも大きく貢献してくれました。

期間限定のクリームソーダの出張撮影では準備万端でしたが、向かった先が使えないという逆境になったとき、そのとき上長のマネージャーは「だめかな」と諦めていました。しかし、Ｆさんはこれをチャンスととらえて、環境をすべて味方につけて、われわれの心をとらえるような奇跡の１枚を撮りました。これがネットで大変評価されたのです。

夏のひんやりＰＯＰ、これも他社に先駆けて作成しました。そして、この写真を見た現場の営業、販売の同志が、売上が停滞しているなかで「この写真を使えば売上にプラスになるのではないか」というやる氣に炎をともし、勇氣も与えました。その結果、対象商品の売上は２８０％になったのです。

商品を製造する部門や販売部門の現場力は、数字となって表れるのでわかりやすいものです。しかし、数字で表れにくいサポート部門でも、超現場力を発揮すれば売上に大きく貢献できることをＦさんは示したのです。

全部門が超現場力を発揮する

先に「商品力、販売力、生産力が会社の成長を支える三本の矢」と言いましたが、この現場をサポートする部門にも超現場主義は必要なのです。

例えば、全社の総務経理部門、コンピュータシステム管理、通信販売システム、海外事業の輸出業務、資材管理、店頭販売や通販の広告制作、ウェブページ制作など、サポート部門にも多種多様な現場があり、それらが超現場力を発揮すれば商品力、販売力、生産力の向上につながっていくことは間違いありません。

寿スピリッツの超現場主義の特徴は、全部門、全現場にわたる全員参画なのです。

第4章

現場力を最大化する

18 社員の力を信じる

「全員参画の超現場主義」は、社員の力を信じなければできない経営です。超現場力を発揮してもらうためには、社員の能力を信じ、社員が持つ能力を最大限に発揮しやすい環境を整えることが重要です。

「本部が頭で現場が体」「上司が頭で部下が体」の経営組織体は、いずれ必ず本部と現場の間で不都合が生じます。なぜか――。現場はそれぞれ微妙に違うからです。

現場のことは現場にしかわからない

店舗を例にとれば、立地、人流、競合店の有無、顧客の年齢層など、現場ごとに違います。当たり前ですよね。そこで生まれる微妙な違いは現場の人間にしかわかりません。いくら〝賢い本部〟が考え、最良と念う対策を講じたとしても、常時現場でお客様と接する現場の肌感覚にかなうはずがない。本部の頭は「机上の空論」「空回り」に終わる可能性が高いのです。

機内食を運ぶ航空会社のキャビンアテンダントは、新型コロナウイルス感染症対策のため、配膳時に必ず手袋をします。食品を扱うのですから当然です。

でも、よく観察していると、バックヤードに出入りするとき、客席との間のカーテンをめくるため、その手袋で触れています。これでは何のための手袋かわかりません。カーテンはさまざまな人が触れるので非衛生的ですし、衛生面から言うなら手袋も一回一回替えなくてはならないはずです。本来それぐらいしなくてはなりませんが、そこまで厳重な衛生管理をしている航空会社はありません。

なぜこういうことがまかり通るのでしょうか。それは、本部の指示でやっているからです。現場でとても不都合なことが起きていても、現場が不都合に氣づいていても改善されない。仮に現場が提案しても本部は無視する。そんなことが積み重なると、現場は提案する氣もなくなり、本部が指示したマニュアル通りに業務をこなすことになる。それで事故が起きたら、本部、現場のどちらが責任をとるのでしょうか？

ＡＩ力より人間力

21世紀は「ＡＩ万能」の世の中ですが、ＡＩ万能時代だからこそヒューマンパワーの質の向上が問われます。これは他の商売やビジネスでも同じです。

幼稚園児が送迎バスの中に置き去りにされて亡くなるという悲しい事件がありました。原因は運転手、付添者の下車確認ミスというヒューマンエラーです。再発防止のためにはヒューマンエラーをなくすこと。そのためにはどうすればいいかを考えるべきなのに、「エンジンを切ったらブザーが鳴る装置を付けたらどうか」、「スイッチを切るために運転手はバス後方まで行かなければならないから置き去りを防ぐことができる」と、米国や韓国で行なわれているやり方を真似するなど、ＡＩや機械装置に頼るばかりの議論をしています。

まず、経営者や現場責任者が社員の力を信じること。それを実感した社員は、自らを高める努力をいといません。上から命令されたわけではなく自分の頭で考え、自分の体で感じたことを日々実践していくからです。

当社の財産は一人ひとりの人間力です。人間だからこそなせる技で成り立っているのです。指示する人、つくる人、売る人、一人ひとりの人間の力が大きいのです。ＡＩ力より人間力です。

19 「考働」＝「考える力」

超現場主義成功の必要十分条件は「考える力」です。何も考えずマニュアルに依存していては成長がありません。寿スピリッツでは「行動」を「考働」と表記します。何事においても考えて働く、どんなときにも前向きな考働が自己成長の原動力になるのです。

正解は創るもの

学校の成績がいい子は「正解を求める」癖がついてしまっています。自分で考える前に、上司や先輩に「答えを求め」、インターネットや本から「正解を探す」癖があります。「答えを求める」姿勢は今の教育制度の弊害ですが、言われたことだけをやる人と、自分なりに考えてやる人では入社後の伸びしろがまったく違ってきます。

一人ひとりが考えながら工夫して志事をしたら、売上は自然と上がっていきます。ロスも半分以下に減ります。

しかし「考える力」は、実際に志事をしてみないとわかりません。当社にもマニュアルはあります。入社直後に「お客様には笑顔で接する」「接客はハキハキ大きな声で」「店頭ではまっすぐ立って私語は慎む」といった基本は教えますが、あとは自分で考えてやってもらうしかありません。

途方にくれたとき、上司や同僚に相談をすると、逆に「あなたはどう念う？」と問い直されます。それに答えるためには必死に考えなくてはなりません。そうしたやり取りを積み重ねることで毎日が自己研鑽の場となり、一日一日の経験が自分の成長の糧となるのです。問題解決のための答えはそれぞれが創っていくのです。

日々の志事場が「考える場」「自己成長の場」です。すべての職場に「自分で考え」「皆で考える」社員が増えていくと「考える社風」が定着します。この成長の喜びを体験した者は、日々、充実した志事を楽しみ、やがて一流の店舗経営者（店長）や製造ラインの長に育っていくのです。

考働することの意味

一人ひとりの人間が「今日一日充実して生きるかどうか」は、「日々自分で考え、考え抜いて働くという考働の意識と実践に尽きる」と念います。社員一人ひとりが自分で目標を決めて、自分で問題点を明らかにして、自分でトライして日々シンカしていく。こういう働き方をしないと一度の人生、面白くないですよね。そして会社は、そうした意識をもって日々生きる人間の集合体でなければ成長しないと念います。

「これをやっとけ」と言われて志事する受け身の習性――これは今日の学校教育の問題なのかもしれません。「これを覚えておけ」「明日までにこれだけはやっておけ」と指示され、黙々としたがう生徒が「いい子」で、内申書の点数がよくなるという今の学校教育。

それが個々の主体性、自分の頭で考え考働するという人間本来の生き方の芽を摘んでしまっているのではないか。そうやって育てられた子どもが大人になれば、当然「同調主義」がはびこることになります。

自分で考え、決断し、考働する、というプロセスは宇宙の彼方に飛んで行ってしまい、「人が言うから」「ワイドショーで有名な人が言っていたから」「ネットのトップページに出ていたから」その考えを鵜呑みにしてしまう。自分の頭で考える、自分の感性を大事にする――こんな当たり前のことが身についていない。そんな人間の集合体では会社は成り立たないし、そんな国民の集合体では国家は衰退していくのではないかと危惧します。

寿スピリッツの同志は入社したその日から即戦力となり、日々考えながら志事をしています。だから人も会社も日々成長しています。あえて「経営戦略」というならば、こうした考働がフツーに行なわれるようなフィロソフィのある会社であるということでしょう。

ＩＢＭの「ＴＨＩＮＫ（考えよ）」

世界的なコンピューター会社であるＩＢＭの初代社長にトーマス・Ｊ・ワトソン（１８７４〜１９５７）という人がいます。

ワトソンがＩＢＭの社長に就任する以前、キャッシュレジスター会社のＮＣＲ社営業本部長のとき、早朝ミーティングで集まった営業部長たちから業務の改善方法について何もよい考えが浮かばないことに失望したワトソンは、「われわれ全員が抱えている問題は、十分に考えようとしないことだ」と営業部長らを叱責しました。そして、「知識は思考の結果であり、思考はビジネスの分野を問わず成功の基礎を成すものだ」と続けました。

ワトソンは、それ以降「ＴＨＩＮＫ（考えよ）」を会社のスローガンにすることをその場で決定し、「ＴＨＩＮＫ」と書いた紙を部屋の壁に貼るようにしました。

そして、１９２４年に社長を務めていたＣ－Ｔ－Ｒ社がＩＢＭに社名変更すると、初代社長に就任したワトソンは、「ＴＨＩＮＫ」を会社を一つに結びつけるスローガンとして掲げるようにしました。

Ｃ－Ｔ－Ｒ社は三つの会社が合弁して生まれた会社で、会社の所在地はそれぞれニューヨーク、ワシントンＤＣ、オハイオと地理的に離れていました。そこでワトソンは、この三つの組織を一つにまとめあげること、経営面だけではなく経営理念や方針も共通にすることが最重要課題であると悟ったわけです。組み立て製造ラインの作業員から技術者、販売員、秘書に至るまで、すべての従業員が「考える人」になるように奨励することが会社を一つにまとめる道だと確信したのです。

そのための一つの手段として「ＴＨＩＮＫ」を掲げ、ＩＢＭのオフィス全体にこのスローガンを貼り付け、『ＴＨＩＮＫ』という社内誌を発行し、またＩＢＭ社員は「ＴＨＩＮＫ」と刻印されたポケットサイズのメモ帳を持ち歩いていたそうです。

寿スピリッツが掲げる「考働」もＩＢＭの「ＴＨＩＮＫ（考えよ）」と軌を一にしているものです。会社のトップや幹部だけが考えるのではありません。どの現場の社員も一人ひとりが考働するから、個人も組織も成長していけるのです。

20 「今日勝つ」という意識

超現場主義の経営にとっては、「今日勝つこと」が重要です。「明日勝てばいい」という意識では、その時点で負けています。日々勝ちグセをつけることが大切なのです。

毎日が真剣勝負。だから必ず今日の実績を創り、今日勝つことです。勝った体験を咀嚼し、明日の準備をする――この繰り返しが超現場主義です。

毎日、立てた予定を達成すれば勝ち、達成できなければ負けです。これだけはハッキリしています。月単位の月次決算でいえば、年間12回勝負をします。

勝ち方は勝ってみなければわからない

商売は日々目標に向かって闘争を挑んでいるようなものです。闘いにおける勝ち方は、勝ってからでないとわかりません。だから毎日毎日、「今日勝つ」意識と実践が必要なのです。

毎日勝つためには、①「どうすれば勝てるか」を絶えず考え続けること、②「絶対に勝つという決意と覚悟」を持つこと、そして勝ちに対する執念を燃やし、③「勝ちグセをつける」ことです。

もちろん「負ける」こともあります。そのときには、ムチャクチャ悔しがってほしい。負けたときには、心の底から悔しがらないと勝ちグセはつきません。私自身、これまでの経験からこのことがよくわかります。

そして、現場の全員が、この意識を持つことが現場力を大きく高めます。現場長が率先して動くことは重要ですが、同志がともに考え、ともに高い意識をもって考働すれば、必ず〝勝てるチーム〟〝勝てる現場〟にすることができます。

21 人財は褒めて育てる

「三流は無視し、二流は称賛し、一流は批難する」――プロ野球の世界で「人を育てる名人」と言われた野村克也監督は生前こう繰り返していました。無視と称賛と非難は「褒め方、叱り方を工夫せよ」との指摘でしょう。野村さんは一流について次のように述べています。

「一流選手は褒めてはいけない。子どものころから褒められることに慣れているから褒めると図に乗る。だから批難して発奮させる」

「一流選手はその批難に耐え、乗り越えて、超一流となる」

野村語録をわが社に当てはめてみましょう。

「三流」は初めから入社してきません。

「二流」という表現は使いたくありませんが、入社する多くの社員は一流になる可能性を秘めた二流かもしれません。ですから野村さんの言う「二流は称賛して、氣分よくして育てる」ことに異論はありません。基本的に人間は褒められればうれしいし、もっと褒められように努力しようと念うからです。

結果ではなく、プロセスを褒める

ただ、「褒めて育てる」ことについては、私なりのこだわりがあります。

「結果を褒めるのではなく、結果に至るプロセスを褒める」ということです。

プロ野球の世界でいえば、現役を引退した後、過去の勲章はどれほど役に立つでしょうか。ホームラン王を獲得したという「結果」は自分史の一ページでしかありません。ホームラン王になったという結果が素晴らしいのではなく、ホームラン王をとるための努力のプロセスが素晴らしいのです。日々、筋力アップをし、バッティングフォームを固め、相手バッテリーの配球の癖を読み取る訓練――毎日のたゆまぬ努力をしたことが素晴らしいのです。そのプロセスが現役引退後、社会人や監督になったときに役に立つのです。

実績を上げたら「おめでとう」

私は、現場で実績を出した同志には、「ありがとう」ではなく「おめでとう」と言います。店長が実績を上げたら、店長の上司は「おめでとう」と言うべきなのです。会社のためにいろいろやってくれたから「ありがとう」、ではありません。現場力を発揮して成長したから「おめでとう」なのです。

現場での本当の改革は、やっている人でないとできないと考えています。ミキサーを回している現場なら、それを担当している人しかわからない。オープンなら、日々オープンを見ている人でないと細かい調整の仕方がわかりません。自己成長の場もまた現場なのです。

22 人財が人財を育てる

今日一人熱狂的ファンを創る

寿スピリッツグループの重要な合言葉に「今日一人熱狂的ファンを創る」があります。熱狂的ファンとは誰なのか——もちろんお客様のなかに創ることが重要ですが、じつは同志のなかに熱狂的ファンを創ることのほうが百倍重要なのです。

私は「超現場力」の成功事例を、株式会社シュクレイの会社説明会用のビデオの中に見つけました。シュクレイは東京ミルクチーズ工場、築地ちとせ、フランセなどを運営する首都圏の会社ですが、「人材」は「人財」だと改めて念いました。

ビデオは、短大卒入社3年目の22歳になる女性店長（店舗経営職）による志事の紹介から始まります。10人の部下を束ね、接客から商品企画、売場の工夫までトータルで考え実行していることを生き生きと話しています。ちなみにこの店長はS級店舗を任されていますが、私が感動したのは彼女の部下のコメントです。

「店長はわからないことを聞くとすぐに教えてくれますが、それ以上に、自分が考えるきっかけをつくってくれるのです。

接客に悩んでいることを相談すると〝もう少し声を大きくしたらどうかしら〟〝もう少しゆっくり、会話のスピードを下げたらどうかしら〟とアドバイスしてくれました。そこで私なりに考え接客の工夫をしていたある日〝よくなったわよ〟と声を掛けてくれたのです。前より大きな声で、ゆっくり話しかけていたのを見ていてくれたのですね。店長のこの一言で自分のモチベーションが上がり、接客の自信につながりました」

開拓者精神みなぎる店長

いい人財がいい人財を育てる――教科書のような話です。

この店長は将来の希望を「自分の店を持つこと」と言います。そのココロは「人がつくった店舗で既成のブランドを売るのではなく、自分なりの店舗をつくり、自分がこだわるブランドを立ち上げたい」と言うのです。

敷かれたレールの上を走るのではなく、自分なりの工夫をしたい、努力の余地が大きい志事に取り組みたい、という開拓者精神がみなぎっています。

日頃から、上から言われたマニュアル通りの志事をしていてはこういう心境にはならないでしょう。入社数年でこういう心境になれるのは、日頃から「立って売ればいい」ではなく、店舗経営者として店に立ち、お客様と向き合っているからです。そして、同じチーム（店舗）の同志、同期入社の同志、先輩や後輩の同志とともに、接客から商品企画、売場の工夫などを話し合っているからです。

いつも志事の話をしている同志たち

責任をもって志事をしている人は、年齢、性別、社歴にかかわらず、寄ると触ると志事の話をしているものです。そこで先輩や他店舗から成功事例を詳細に聞き、それを自分なりに消化し、自分なりの味付けを試みる。こうした日々の積み重ねが一人ひとりを成長させ会社を成長させているのです。私はこのビデオを見て超現場主義がしっかり根づいたことを確信しました。

話は２０１７年に遡ります。寿スピリッツが買収し、シュクレイと合併したフランセには、そのまま働くことに後ろ向きの人がいました。買収されたことが嫌なのではなく、それまでのぬるま湯生活から抜けられない人が多くいたのです。

超現場主義は人財が育つ

フランセの販売接客姿勢は、極端に言うと「レジを打てばいい」という風土でした。親会社の考え自体に「接客販売」という考えがなかったからです。個々の販売員がお客様にどうアプローチするという考えがない。販売員はレジを打つ人という認識です。そういう会社風土のなかで育ってきたので、風土が合わず辞めた人もいました。でも、なかには合併して目覚めた人もいます。

Ｉさんはシュクレイとフランセが合併前に入社した同志で、率先して合併直後の職場のムードを大変よくしました。一販売員として、非常に高い意識があります。

彼女が氣づいたことは、それまでの当事者意識の欠如です。「あなた、こうやりなさい」ではなく、自分が率先してやる。そして、してもらったことには「ありがとう」、ミスしたら「ごめんなさい」と言うことを徹底したのです。

次第にまわりのスタッフの意識が変わってきました。新たな人財が新たな人財を育て始めました。職場の雰囲氣もとてもよくなり、それが売上に反映しました。Ｉさんはまさに「考働」し、職場の風土を変えたのです。

彼女はこのとき、今より5歳若かった。今は東京駅の「バターバトラー」という大丸百貨店の前にあるお店の店長です。店長としてすでに3店舗目か4店舗目になりますが、超現場主義は人が育っていくのです。

23 現場のスタッフ＝同志が熱狂的ファンになる

現場における最大のポイントは、「どうやってみんなを本氣にさせるか」に尽きます。現場で同志がいろんな改革や改善をしたときに大切なことは、「経営理念が浸透した改革改善かどうか」です。そこはやはり上司の指導にかかっています。

信頼関係があるから突破口がこじ開けられる

一人ひとりがよく考えて志事をしていても、壁にぶつかります。いろいろな壁や問題に直面したときにどうクリアしていくか、そのときに人間関係の大切さがわかるはずです。AI時代だろうが志事は人間がするもの。したがって、他人との人間関係がうまくいく人でないと志事のうえでも突破口をこじ開けられません。

当社の経営理念は「喜びを創り 喜びを提供する」こと。お客様に対する基本姿勢は「熱狂的なファンを創ること」です。『こづち』では次のように解説しています。

私達の志事は、「熱狂的なファン」を創ること。通常、お客様はファンになると、何度もその店に通い、何度もその商品を購入されます。つまり、リピーターとなるのです。「熱狂的なファン」になると、そのお店や商品を宣伝し、周りの人を巻き込んでファンにしてくれます。つまり、そのお店、商品の営業マン、宣伝マンとなるのです。

同志を熱狂的なファンにする

これはお客様に対しての当社の基本姿勢ですが、「全員参画の超現場主義」ではスタッフに対しての基本姿勢でもあります。お客様に熱狂的ファンになっていただくためには、まわりのスタッフ＝志事の同志＝が、互いに「熱狂的なファン」になっていなければならないのです。

「私があなたの熱狂的ファンになっていく」ためには、「あなたが私の熱狂的ファンになってくれる」ためにはどうしたらいいか――それを日々、一人ひとりが考えて志事をしているチームは非常に強靭なものになっていきます。

「こいつはダメだ」「使えない」とか、そんなマイナスのことばかり考えていたら、人も会社も成長しません。人を批評するのではなく、その人を巻き込んでいく考働をすることです。背中で示して、意見をきちんと聞いて、認めることができて、褒めることができて、指導することができると、チームは大きな力を発揮するものです。店舗は小さな組織ですが、このような店長の影響力はすごいパワーとなります。

24 「現場長」の働きで会社は決まる

現場の長の働きによって、その集合体である会社の行く末は決まると言っても過言ではありません。

現場のトップは店長やラインリーダーです。マネージャーなどさらに上の立場になると一人で10店舗ぐらいを見ますから、個々の店舗の細部の事情までは目が行き届かない。

ですから実際に店舗を運営管理していくのは店長です。

「全員参画の超現場主義」では、多くの判断を現場の長に任せています。とはいえ会社の大方針と違うことをやってもらっては困ります。会社の大方針や基本的な考え方を逸脱した現場責任者に対しては、マネージャーをはじめとする上司がそれをチェックして修正していかなくてはなりません。

例えば「今日も遅刻か？　まあ、君は数字を出しているからええよ」と部下に言うような現場長がいたら現場の和が乱れます。「あの人は遅れてきても何も言われない」ということになると職場の人間関係はガタガタになります。どんなに貢献度が高い社員であっても規律は規律。基本的な規律は厳しくしなければ示しがつきません。その意味でも、現場においては店長の力量がとても重要なのです。

現場長の上司も現場を知る

超現場主義で現場力が発揮されるためには、店長以下のスタッフが優秀であることが必要ですが、現場長の上司は、より優秀でなければなりません。現場長に対してよい指導ができないからです。現場で実際に運営するのは現場長ですが、店長を指導する上司、つまり中間管理職や経営幹部が現場のことをよくわかっていないと大きな方針は打ち出せません。

店長を指導する上司が10店舗をカバーしているとすれば、大切なことは10店舗に足まめに通うことです。現場の話をよく聞き、現場の状況をしっかりと把握します。それをしなければよいアドバイスができません。

超現場主義経営においては、上司の現場主義も大事なのです。上司も現場に立ちます。経営幹部、社長に至るまで全員、現場に立ちます。まさに全員参画の超現場主義です。中間管理職や経営幹部がどれだけ現場を見ているかによって、指導の在り方や内容も違ってきます。自ずと成長の度合いも違ってきます。

現場のことを理解するためには、「人間とは何か」という次元で思索できる人でなければその職を務められません。

職責上のランクが上がるたびに「○○研修」といった社員研修をする会社が多いようですが、当社では一般的な教育はしますが、その段階で型にはまった研修はしません。なぜなら、わざわざ特別な研修をしなくても、その時点で身についているからです。日々現場で鍛えられ、培われ、育っている人だから職責上のランクが上がるわけで、あえて特別な研修は必要ありません。これが寿スピリッツの企業風土です。

25 経営理念が精神的支柱に

お客様や志事に対する考え方が個人個人によって多少ズレが生じることは否定できません。人それぞれ、考え方や思想が違いますから、あって当然です。

だからこそ、毎日の朝礼、中礼、夕礼の意味があるのです。みんなが集まり顔を見合わせ、コミュニケーションを通して志事への考え方や情報を共有する。意思疎通をしっかりやることがすごく大事になります。

日々経営理念を考え、実践しているからブレない

寿スピリッツでは就業中は同志全員、経営理念手帳『こづち』を持ちます。毎日の「こづち朝礼」では実践事例を共有し、理解するようにしています。経営理念が各職場で実践されているかどうかをチェックするためには、毎日、各職場で経営理念の実践事例を共有することはとても意味があります。

『こづち』があることが重要なのではなく、『こづち』の内容を読んで自分にあてはめて

考えているかどうか。それを体験、実践しているかどうか。この学びに勝るものはありません。『こづち』の内容を現場で活かし、自分のものにしなければ何の意味もありません。

2020年初頭からのコロナ元年は、店舗に出てくることができない同志も多かった。5人体制の店で2人しか出てくることができない時期もありましたが、2022年になってようやく通常のシフトを敷くことが可能となり、「こづち朝礼」もできるようになりました。

そこで、シュクレイの社長が音頭をとって「こづち朝礼の徹底」を同志に発信しました。これは、単に「こづち朝礼をやりなさい」ということではなく、この苦境にあるときこそ「原点に帰れ」「経営理念を再確認しよう」ということです。

『こづち』を読み返してみると、今回のコロナ禍のような苦境のときの考え方や対処の仕方も書かれています。コロナ禍で同志が動揺しているときこそ『こづち』は心の支えとなったのです。

寿スピリッツの超現場主義はどのようにしてコロナ不況を克服したのか――そこに、経営理念に裏打ちされた「全員参画の超現場主義」があったからです。しっかりと裏打ちされた経営理念があり、それを日々身につけてきた同志は、ブレるわけがありません。

第5章

成功のカギは「寿メソッド」

26 一人ひとりの考働力が超絶結果をもたらす

寿スピリッツは1952年（昭和27年）創業、資本金12億1700万円、17のグループ各社の社員数は約1507人、平均年齢は34・4歳の若い会社です。

なかでも東京ミルクチーズ工場、バターバトラー、ココリスなど多ブランドを展開する株式会社シュクレイ（本社：港区北青山）には、若い力がみなぎっています。そして業績の伸びに比例して若い力がどんどん入社しています。

2020年8月、東京駅構内のショッピング・レストラン街「グランスタ東京」にオープンしたココリスは、1年後には東京駅で一番売れている店舗となりました。全部で150店舗、あれだけ土産菓子店が多いなかで一番になることは大変なことです。しかも、一番売れているのに、1店舗しかないのです。

大阪の梅田阪神百貨店で一番売れているお菓子のブランド店に「ドローリー」がありますが、これも1店舗しかありません。商品づくりから販売促進、接客方法を店長中心に磨いてきた成果です。ココリスの店長は2代目になっていますが、彼女もまた初代に劣らず売上を伸ばしています。

戦術は各社各業態で独自に展開

「ルタオ」中心に7つのブランドがある株式会社ケイシイシイ（本社：北海道千歳市）。小樽だけでも6つのオリジナルブランド店舗があり、道内各地で10店舗を展開しています。「北海道ではどこに行ってもルタオがある」と印象付ける看板効果作戦と位置づけています。

シュクレイのココリス型主力1店舗戦略、ケイシイシイのルタオ型看板効果戦略――それぞれ商品の特徴、現地事情を考慮したうえで戦術を展開しているのです。「あそこに行かなければ買うことができない」主力店の魅力、「あそこにもここにもお店がある」看板店の魅力――こんな二刀流が使えるのも寿スピリッツグループの魅力です。

店舗はやはり、いいゾーンにあることが一番です。小樽市でいえば、栄町通りが一番のゾーンになります。そこに数店舗配置し、あとは駅前に配置しています。

寿スピリッツの真似ができない理由

商品開発、販売の工夫――日々努力をしているのは当社だけではありません。他社、競合店もそれぞれ、「寿に負けるな」と努力しているはずです。ですから、ココリスが1位になると、競合店もすぐに同じようなことをしてきます。でも、マネできることとできないことがあるのです。

例えば、どのお店でも看板やＰＯＰを振ってお客様の関心を引きつけ、店頭で試食のプロモーションをします。そうした販促法はマネできますが、形だけマネしても結果は伴いません。当社の成功事例を見た他社の上司が現場の店舗に来て「うちもあれやろうよ。そうすればもっと売れるよ」と指導しても、それは〝猿マネ〟の域を脱しないのです。なぜか――。他社は「頭」（指導する人）と、「体」（現場の人）が分かれているからです。

「全員参画の超現場主義」ではない会社の場合、「頭」は「体」を理解していないので実践部隊の微妙な工夫と努力の一つひとつを実感して理解していない。しかも「体」のほうは、「頭が言っているからやってみるか」と受け身です。言われた通りやってはみますが、自ら考えて働いていない。つまり考働していないので、やることなすことに魂が入っていない。当社のように、入社以来ずっと「考えて働く」毎日を過ごしてきた人と、「上司に言われたことだけをこなしてきた」人とでは、結果は歴然と違います。その違いは容易に想像できるでしょう。

一人の人財がまわりに大きな影響を与える

私の経験から言うと、一人すごい人財がいると周囲の５人とか10人の働き方が劇的に変わります。アメーバの中心に素晴らしい人財がいると、その店の全員があっという間に成長します。いない店は、正直、何をやってもダメです。

店舗でいえば店長です。店長は周囲に大きな影響力を及ぼします。みんなが店長の働き方や人間性を見ています。毎日、間近に見ているので、すごい店長はお手本ともなるし、場合によっては反面教師にもなります。

高い目標を掲げ、日々知恵を絞り、誰にも負けない努力と執念をもって本氣で志事に取り組む人財がいると、水面に石を投げたときに幾重もの波紋が広がるように、店舗全体、アメーバ全体にいい影響が広がります。

その土俵の上にさらに各人の得意技と成長が生かされ積み重なっていくと、個人と組織がスパイラル的に成長していくのです。これこそが「全員参画の超現場主義」のダイナミックな展開と言えるでしょう。

27 高単価単品×多数×多人数販売

超現場主義の超絶成功事例

数年前のことです。成田国際空港のターミナル店舗から関西国際空港のインバウンド売場に異動になった外国籍の販売同志がいました。彼女が来てから関空店の売上がものすごい勢いで上がったのです。

あまりの急成長に驚いた私は、店長と本人に「なぜこんなに売れるようになったのか」聞きました。するとそこには、私が念いもよらなかった「超現場主義の超絶成功例」があったのです。

「なぜ、そんなに売れるの？」と聞くと、彼女はこともなげにこう答えました。

「ドゥーブルフロマージュの6個セットまとめ買いをお勧めしております」

ドゥーブルフロマージュは株式会社ケイシイシイのルタオ・インバウンド向けのノー

タックス免税品で当時1個１６００円、６個で９６００円の特製のチーズケーキですが、保冷バッグで長時間保冷可能な冷凍ケーキなので、インバウンドの方の帰国土産には一押しの商品です。しかし、決して安くはありません。

「なぜ、６個のまとめ買いを勧めるの？」と聞くと、

「ドゥーブルフロマージュを３個購入していただきますと、保冷バッグを1個無料サービスでお付けしています。その保冷バッグは大きめなのであと３個入ります。そこで、６個お買い求めになるとお得ですよ、とお勧めするのですが、ほとんどのお客様は６個注文してくださいます」

なるほど、そういうことかと、念わず膝を叩きましたね。６個入る保冷バッグで３個分の空氣を運ぶより、一つでも多く日本の美味しいお菓子をお土産に持って帰りたい、そのほうが得だと念う旅行者の心理を巧みについた売り方です。

日本人はラッキーセブンで数字の7を好む傾向がありますが、中国の方は8を好みます。「8」(bā) と「発」(fā) 発音が似ていて、8は「お金が儲かる」「繁盛する」という意味の「発財（パーツァイ）」を連想するので、縁起がよい数字として好まれています。北京オリンピックが２００8年8月8日午後8時に開幕されたことを念い出してみても、中国の「8」に対するこだわりがわかります。

そういう民族性を熟知している同志の販売スタッフは、中国からの旅行者の方には、さらに次のような「二の矢」を撃ち込んでいたのです。

シンカした接客が超絶売上をもたらす

「お客様、お土産の数は8個にしてはいかがですか？　保冷バッグには6個しか入りませんが、常温でお持ち帰ることができる商品がございます。それを2個お持ちになったら、お土産はちょうど8個になります」

こう勧めると、ほとんどのお客様が冷凍のドゥーブルフロマージュ6個と常温商品2個、合わせて8個のまとめ買いをするそうです。そのお陰で関空店の売上は倍々増したのです。

超現場主義のお手本のような実話です。インバウンドの国民性や習慣、風習、こだわりを知っているからこその販売術。彼女はお客様の立場と実利を考えたうえで、販売方法を考働して志事をしていたのです。他の店員さんも彼女を見習って「縁起物の8個売り」を実行。お陰でお客様も喜び、お店の売上も大きく伸びたのです。

外国籍同志の販売力、エネルギーはすごいものがあります。「1個でいいわ」とおっしゃるお客様に、どうにか2個お買い上げいただく販売員さんとの違いは圧倒的です。

当社が目指す「高単価単品×多数×多人数販売」は、こうした現場の知恵と力で実現されているのです。

28 プレミアムギフトスイーツビジネスの真髄

コンビニでポテトチップスを買うお客様は、ほとんど自分が食べたいから買います。普通に美味しいし、お腹も満たされる。自分の満足のためです。

こうした自分用商品は、買った人が喜ぶことを第一のコンセプトとしています。買った人はどういう理由で喜ぶでしょう。大方の場合、「安かった」「値段のわりに美味しかった」ではないでしょうか。それもお菓子の大事な要素です。

しかし、寿スピリッツグループは「ブランド価値を上げ、熱狂的なファンを創る」こと、「喜びを創り 喜びを提供する」ことを目標としています。つまり、目指すは「プレミアムギフトスイーツビジネス」なのです。

喜びの連鎖が起きるプレミアムギフトスイーツ

寿スピリッツグループの商品をAさんが買い、お土産やお中元としてBさんに贈ったとします。一番喜ぶのはお菓子をいただいたBさんですが、Bさんが喜ぶ姿を見てAさんが喜ぶという新しい構図が生まれます。「プレミアムギフトスイーツビジネス」の肝は、お菓子を通してAさんとBさんのこういう「喜びの連鎖」を創ることなのです。

Bさんの喜びは、「ありがとう。とても美味しかったわ」とAさんにフィードバックされます。安くてまあまあの商品をいただくよりも、高くて超美味しいお菓子をいただくほうがいいに決まっています。贈って喜ばれたAさんも「少し高かったけどBさんがあんなに喜んでくれたから、寿のスイーツを選んでよかった」と念うでしょう。

ここがプレミアムギフトスイーツと自家用お菓子との大きな違いです。自家用お菓子は安いほうがいい。自分でお腹を満たすためなので、ポテトチップスも300円のものより200円のほうがいい。

でも私は「商品は、値段以上のものでなくてはならない」と考えています。値段以上の価値を提供するのが私たちの志事です。そのために、他では味わえない商品、これまで体験したことがないような商品を提供し続ける努力をしています。

Ｂさんが「こんな美味しいものをいただいた」と感動と喜びに浸り、Ａさんにも「予算オーバーしたけど選んでよかった」と喜んでいただくためには、商品のレベルをどんどん上げていかなくてはなりません。昨日と同じものをつくっていては成長が止まります。だから当社は、「お客様に最高の思い出を創っていただく」ために、高品質・高価格の商品をつくり続けているのです。

「高い」３段階活用

コンビニやスーパーで1億人に売っていくためには、ほとんどの人に支持されるものでなくてはなりません。そのため、「材料」はそこそこにできるだけ安いもの、「品質」は手間をあまりかけずそこそこに、「値段」は誰もが買いやすい手頃な価格に……というものです。

プレミアムギフトスイーツはこれとは真逆で、「高い」３段階活用を駆使します。「高い売価」、その高い売価に勝る「高い価値」、そしてそれに勝る「お客様満足」が大切だという考え方です。このような「高い価値の商品」が「質の高い売場」で「すごい接客」で売られていたら、お客様は買ってくださるのです。

プレミアムギフトスイーツビジネスは好景氣のときはもちろん、そうでないときでも売上は下がりません。不景氣になるとお客様の目が厳しくなり、手軽に手を出さない。商品を吟味されて、本物のいい商品でなければ買ってくれません。だから、お客様の喜びを提供している側も、それによって鍛えられるのです。

1万人のお客様が1億人に

自家用のお菓子の場合は、安くてまあまあ美味しくて、平均的な味のほうが万人ウケします。好き嫌いがハッキリ出る尖った商品はウケません。1億人が好むものでなくてはならないわけです。

当社のビジネスモデルはこれとは真逆です。1億人に売らなくてもいい。お客様はそう多くなくていいけれど、その代わり特徴的な商品を創り出していきます。例えば、チーズ味一つとっても一般的な味を追求するのではなく、突出した特色のある味、場合によっては一般的なものよりずっと特徴的に設定した味にして、その特徴をさらにデフォルメしていくのです。

10倍ゲームでファンが広がる

1億人のお客様は相手にしません。私たちには100万人のお客様がいてくだされば十分です。商品によっては1万人でもいいかもしれません。１万人のお客様（Aさん）がそれぞれ10人のお客様（Bさん）にプレミアムスイーツをプレゼントするとします。味に感動したBさんが「とても美味しかった」と、Cさんという新しいお客様10人にプレゼントすると、一氣に10倍ゲームで熱狂的なファンが誕生します。

最初のお客様Aさんが1万人だとすると、Aさん1万人×Bさん10人×Cさん10人で１００万人になります。さらに、Dさん、Eさんにまで波及していけばまさに10倍ゲームで増え続けて1億人のお客様に到達するのです。われわれが考えている市場は、１万人×１００人×１００人＝1億人がターゲットです。最初のターゲットは小さくても、そこからさらに無限大の広がりを期待できます。

・自家消費お菓子　１０００円×1億人×１人＝１０００億円
・ギフト用お菓子　１０００円×1万人×１００人×１００人＝１０００億円

同じ単価で先々の期待値が１００倍違えば、売上は超絶に跳ね上がります。これが私たちのビジネス戦略です。

１億人をターゲットにすれば、安くて平均的な商品をたくさんつくることになりますが、１万人がターゲットならば尖った商品、他にない商品、高級品・高価格の商品を提供できます。それがギフトとして１００人にプレゼントされれば、波及したマーケットは10

億円（単価1000円の場合）となり、プレゼントされた100人がさらに各100人にプレゼントしていけば、売上は1000億円です。

この10倍ゲームのビジネスを成功させるためには、次の2点が必須です。

①商品の特徴が強烈に出ていること

②商品の質がどんどん上がっていくこと

お客様はそれを望んでいるのです。昨日より今日、今日よりも明日の味がよくなっていかなくてはなりません。人間の口は日々肥えていくからです。

商品も日々シンカする

したがって、商品は常に「より美味しさ」を追求していく必要があります。例えば、クリームの鍋の底を混ぜたほうが美味しいとか、焼く時間を1分多めにしたほうが美味しくなるとか、温度を1度下げたほうがいいとか、夏季、冬季で温度や水分量を変えるとか、そういう現場の工夫自体も必要になってきます。商品の品質は一定ではありません。常にシンカしていかなくてはなりません。現状一定の品質で満足していたらシンカはありません。

プレミアムギフトスイーツは、贈答用だけでなく「自分へのご褒美」としても注目されています。自分へのご褒美は、自分へのギフトです。ただし、コンビニでの自家用は数百円のものですが、自分へのご褒美として買うプレミアムギフトスイーツは数千円のものになります。贈答品として当社のプレミアムギフトスイーツと出会った方が、自分へのご褒美として購入するお客様に変化するきっかけは「味」「美味しさ」です。こうして熱狂的なファンが一人ずつ増えていくのです。

すべての人を相手にしないという商品戦略は、ずっと以前から続いている当社の経営方針です。これがプレミアムギフトスイーツビジネスのよさでもあるのです。

プレミアムギフトスイーツビジネスほど素敵な志事はない

プレミアムギフトスイーツ商品は、買った人があげて喜ぶ。もらった人も食べて喜ぶ。そこに大きな特徴があります。この喜びは自家消費にはないものです。

私は新卒直後から４年間ディスカウントストアで働きました。そのころ先輩から、よく「失恋したらレジのそばに行け」と言われました。そのココロは、「どんなに綺麗な人でもサイフからお金を出すときにひどい顔をしている」というものです。その是非はわかりませんが、ケーキ屋さん、とりわけ当社のレジは違います。

お客様も店員もにこやかです。なぜなら、お客様はご家族や知人の喜ぶ笑顔を念い浮かべながらお買い上げくださるからです。人に喜ばれることは最大の満足です。お客様はお菓子を差し上げる相手の笑顔が目に浮かぶのでしょう。それを見て私たちも幸福感に浸ることができます。世の中にこれほど素敵な志事はありません。

29 お客様の喜びのために美味しいお菓子を創る

お饅頭の小豆にこだわっているお菓子屋さんがありました。丹波大納言を使っていることが売りだそうです。丹波大納言は小豆の中で最も高級品とされる丹波地域の特産品です。一般的な小豆に比べて粒が大きく風味が豊かで、皮が薄くて口当たりがよいのが特徴ですが、生産量は国内の小豆生産量の1％にも満たない希少品種です。

お客様に通じなかったら自己満足にすぎない

そのお饅頭を食べてみました。糖度は非常に高い餡子でしたが、私には丹波大納言なのかどうかさっぱりわかりませんでした。つくっている人の丹波大納言へのこだわりは、失礼ながら「自己満足ではないか」と念いました。いくら素材にこだわっても、それがお客様に通じなかったら、高い素材を使った意味がありません。私も一人の客として食したので、こうした感想を語っても営業妨害にはならないと念います。

ひるがえって、当社の商品は特徴的だと念います。平均的な味の商品はコンビニやスーパーで売っていますので、どこでも手に入れられるでしょう。私たちは、それでは満足しない人に向けた、スペシャルスイーツの創造を目指しているのです。

だから私たちは普通のお菓子はつくりません。

例えば、バスクチーズケーキ。こうした流行りの商品が出てくると、すぐにコンビニが販売します。最初は少しは売れますが、そのうち売れなくなって棚から消えていきます。値段を安くするために、材料も味もそこそこのものにしてしまうからです。

本物商品と大量生産商品は別物である

ある会社が当社のヒット商品ドゥーブルフロマージュに似た商品をつくったことがありました。当社で１７００円＋消費税で売っていたものを、なんとワンコイン５００円で売り始めましたが結果はまったく売れませんでした。根本のマーケットが違うのです。

自家消費の商品は、工場の稼働率なども考えると、安くてたくさん売れなくては商売になりません。製造設備も半端なものではありません。あるパン製造会社の工場見学に行ったことがありますが、小麦、白砂糖すべて自動投入。イースト菌発酵によって、ムラ・ムダのない商品をつくっていました。

一方、当社の主力商品であるドゥーブルフロマージュは、注入するチーズを変えることで従来より柔らかくなり、さらに美味しさを増しています。美味しさの追求は終わりがありません。日々シンカしています。

ドゥーブルフロマージュ自体、もともと特徴のある商品です。製造工程が複雑かつ繊細なのでなかなかマネはできません。手づくりの部分が多く、工夫の塊のような商品です。生産ラインもオリジナルの機械だらけです。

30 アフターコロナでは大きなV字回復が待っている

コロナ自粛のせいか、世の中がとてもギスギスしています。しかし、日本人のギフト習慣は、世の中がギスギスしなくなると一氣にもとに戻ると念います。この数年、「今のご時世、人に会うのはいかがなものか」とか、旅行に行くこと自体、「コロナ渦中に何を考えているんだ」と言われかねず自粛していたので、お土産菓子なんて売れるわけがありません。

だから当社の売上も伸び悩んだのですが、これからはそんな感情も徐々になくなっていくでしょう。したがって、今後のV字回復が大いに期待できるのです。

加えて、インバウンドも復活し始めました。これからの外国人観光客は、東京や札幌、京都・大阪・福岡といった都市部の観光地だけでなく、地方都市、中山間地の〝ディスカバー・ジャパン〟を求めて来日します。そのお客様を熱狂的なファンにする、来日目的が寿の「プレミアムスイーツを食べるため」は夢ではありません。

こうしてアフターコロナで売上が上がっていけば、工場の稼働率も上がります。雇用も設備投資もできます。近い将来、外部環境がよくなれば、この間悪くなった分は反発します。だから以前よりも強くなるのではないかと念うのです。

私たちは、コロナによって手足をもがれたように厳しかったときに、いろいろな工夫をし、コロナ後に備えた準備をしてきました。既存商品のレベルアップ、新商品の開発、製造ラインの合理化、販売部門のレベルアップ、よりよい条件の新規売場の開拓も心掛けてきましたが、コロナ危機下で「全員参画の超現場主義」が花開いたのです。

31 熱狂的なファンが売上を伸ばす

味が日ごとによくなり、接客姿勢がさらに磨かれていくと、必然的に熱狂的ファンが増えます。その結果、売上は年々上がります。もし上がらなかったら、それは味がシンカしていないか、接客や売場づくりに大きな欠陥があるのです。

売上拡大の基礎はリピート率

日本全国で人口が減少し、外国からのお客様も激減しているなかで、売上も利益も上がり、毎年毎年、右肩上がりで伸びていくビジネスモデルはあまりありません。寿スピリッツグループはそれを実践しています。

売上が上がっている大きな要因はリピート数の拡大とリピート率の向上です。同じ販売分野でも、住宅や土地は一度売れればそれで終わりです。生涯に二度も三度も家を買う人は稀ですからね。テレビや冷蔵庫などの白物家電も、壊れない限り10年ほど買い換え需要は生まれません。しかし、お菓子、なかでも贈答用のお菓子はまったく違います。喜ばれると何度でも、何人にでも贈りたくなるのがプレミアムギフトスイーツなのです。

文字通り〝美味しいビジネス〟です。世間に自慢できる自信作を創り、それを召し上がったお客様を熱狂的なファンにする。その結果、売上は天井知らずに伸びていく――こんな素敵な商売はありません。

32 「東京駅ナンバーワン」の爆発力

東京都内の新店舗の成功が、コロナショックを超短期間で脱却し売上をV字回復させている原動力となっています。

ターミナル駅の駅ビルや空港ビルなどの集合店舗で売上実績が積み重なり、売上高が他店舗より突出していくようになると、必ず館様からお声がかかります。

「売場を変えてこの場所でやってみませんか？」「もう1店舗出してみませんか？」と誘われます。ありがたいことです。売上向上で会社そのものの評価が上がっていくと、「今度改装があるから、いい場所を空けておきますよ」といった話が次々と舞い込んできます。

こうして新たなチャンスが生まれ、それが好循環していきます。

突出して成長していると、周囲の注目度が大きく違ってきますが、それを実践したのが東京駅のエキナカ「グランスタ東京」で大成功した「ココリス」です。東京駅は「プレミアムギフトスイーツの甲子園」、「お土産オリンピック」みたいな場です。そこでの第1位はまさに「金メダル」を獲得したも同然です。

ココリスが東京駅で売上1位になったことは、業界的には大きな話題となりました。お土産商戦のピークはお盆と正月ですが、東京から出ていく人は必ずお土産を買っていきます。また、ディズニーランドに遊びに来る人も、お帰りの際、東京駅でお土産を買ってくださる。「東京駅第1位」は名実ともに大きな意味があるのです。

1位になると注目度が大幅にアップする

ココリスが1位になった後、JR品川駅から「うちに来てくれないか」と声がかかりました。品川駅では「フィオラッテ」という別のブランドで出店していますが、これもエキナカナンバーワンです。また、「1位」「1番」「最初」「最大」といった〝称号〟は、マスコミが取り上げたくなるので、注目度はさらにアップされます。

このようにして話題になると、東京駅、品川駅、新宿駅、そして百貨店などから出店要請が来ます。ただ、同じブランドを多店舗展開していくと、「どこでも買える商品」になるので、その辺はよくよく戦術を考えなくてはなりません。例えば、「東京駅だけでやってくれ」という要請もあるからです。

プレミアムギフトスイーツの百貨店でのお買い上げは、お土産用より自分用ギフトが多いのが特徴です。お土産需要は駅や空港よりも少なく、自家用が多くなる傾向にあります。そこで百貨店では「全国５か所だけ限定販売」と銘打って、札幌、東京、名古屋、大阪、福岡だけで販売することもあります。

第6章

WSR成功サイクルを回し続ける

33 現場力が突破口をこじ開ける

グループ経営会議で共有される現場力の分析

全員参画の超現場主義では、各社間のコミュニケーションが大切になります。第1章でも紹介したように、寿スピリッツグループの現場報告会議は、まず各社、会社単位で行ないます。毎月、グループ経営会議が開かれ、北海道から九州まで各社の責任者が集まりますが、その場では超現場主義の成功事例が山ほど紹介され、グループ全体で共有されます。

グループ経営会議では毎月、その月の優秀者や優秀チームを表彰します。その場には現場長が来て成功事例を発表します。例えば株式会社ケイシイシイの「パトス」の店長は、次のような成功事例を発表しました。

「今は全体的にピーク時の半分ぐらいしか売上がありませんが、このところ70％ぐらいまで伸びるようになり、売り方を工夫した連休時には3年前の100％を超えました」

同じくケイシイイシイですが、東京駅に「ナウオンチーズ」という店舗があります。その店長が「今までどうやって売上を伸ばしてきたか」を発表しました。

製造卸が中心の寿製菓株式会社は、石川県金沢で問屋さんを介在させた小売店に特設売店を設営し、およそ2年がかりで金沢駅の卸売でナンバーワンになった成功事例を発表しました。また、大阪では「ヒトツカ」というチーズケーキのＰＢ商品を展開しました。ヒトツカは、「人でつながる宝塚」という意味ですが、それを現場でどう展開していったか、売場でどんな工夫をしたか、そしてどう実績に結び付けたか、という発表内容でした。

グループ会議では、これらの発表内容に加えて、店長がどんな工夫をしたのか、なぜそういう結果がもたらされたのかといった、細かいことまで情報を収集して分析して発表します。

成功事例は発展的に応用する

寿スピリッツグループではこのように、各社の数字に裏づけされた成功事例を報告し合い、それがグループ経営会議で共有され、さらに全社員が「自分にはどう応用できるか」と考働します。

ある大学の先生から「成功事例をどのようにして他の店にやらせているのですか？」

と質問されたことがありました。当社は、まったくやらせてはいません。成功事例はその店、その店の事例です。他店の成功事例を応用するにはどうしたらいいかを考える。他の職場の成功事例を丸ごと真似して導入するのではなく、成功事例の中味を咀嚼《そしゃく》して検討し、十分に理解したうえで自分の現場で活かす工夫をしているのです。

成功事例よりもさらに高い次元を目指す考働パターンが自然と身についているので、成功事例の発展的応用が実現できているのです。

繰り返しになりますが、これは、社員一人ひとりを信じているからこそ可能な経営スタイルです。「これが一番いいやり方だから、この通りやりなさい」との上意下達的本部主義では、天地がひっくり返ってもできない経営スタイルです。

当たり前のことですが、一つの成功事例を単純に他の店舗などに当てはめることはできません。立地も違うし、競合店ライバルも違う。客層も違うし、売っている人も違います。同じことはできないし、意味がありません。

だから、成功事例があったら、自分はどうしようかと考えて、新しい成功事例を創るために努力するというのが寿スピリッツの考え方なのです。

成功のサイクルをどう回していくか——私はＷＳＲの成功サイクルを回していこうと言っています。これが超現場主義の本質です。成功事例をそのままはやらない。成功事例を見て、自分なりに新しい成功事例を創る。他の成功事例はそのためのヒントに過ぎません。同じことをやるわけではないのです。

34 ＷＳＲと超現場主義

ビジネス用語でＰＤＣＡという概念が使われています。ＰＬＡＮ（計画）↓ＤＯ（実行）↓ＣＨＥＣＫ（評価）↓ＡＣＴＩＯＮ（改善）のサイクルを繰り返すことで継続的な業務の改善を促すという考えです。

当社の場合は「ＷＳＲ成功サイクル」という独自の概念を掲げています。ＷＳＲとは「ワールド・サプライジング・リゾート」の略で、「世界へ驚きの非日常『感動』を提供する」という意味です。

２０１５年度のグループ年間スローガンとして掲げましたが、これこそが「全員参画の超現場主義による成功循環サイクル」なのです。そのポイントを説明しましょう。

WSR成功サイクル

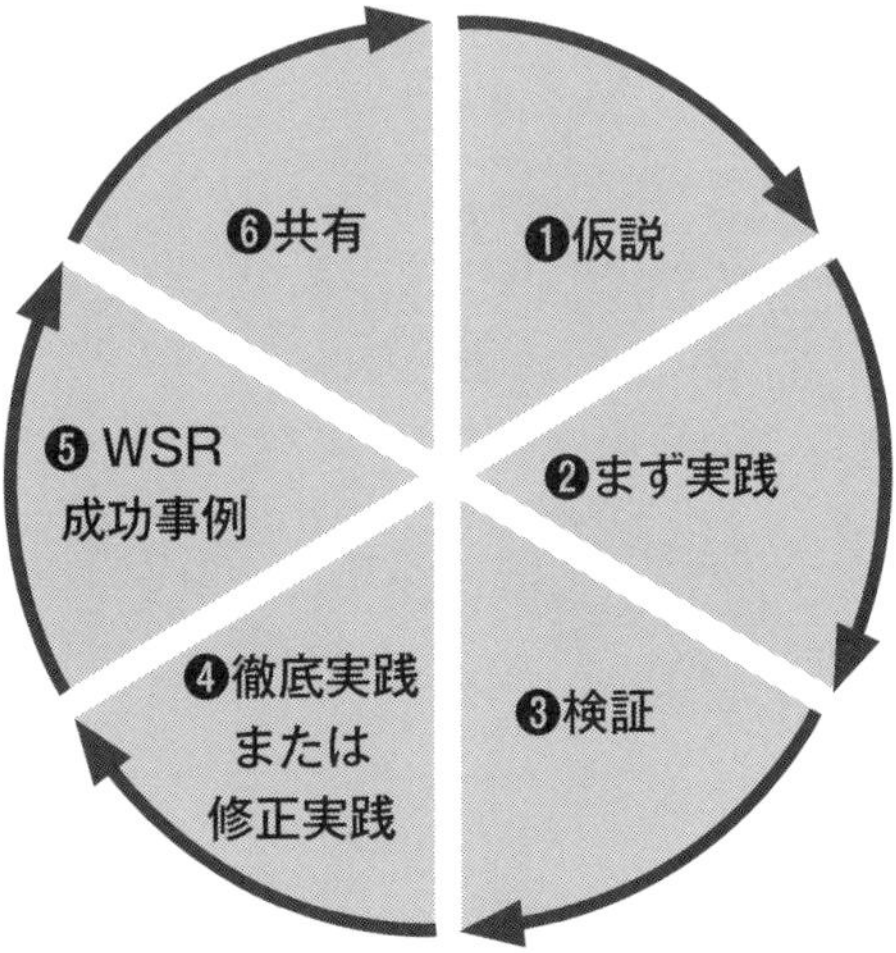

①**仮説**＝仮説は計画ではありません。発想です。「こうやったら、こうなるのではないか」という発想力、仮説力があることが重要です。例えば、販売部門・営業部門だったら「どんな売り方をしたらお客様に今日以上に喜んで買っていただけるか」を考えるとき、お客様目線の柔軟な発想をすることとです。それぞれの現場の同志が自分で発想を練り、仮説を立てることからスタートします。

②**まず実践**＝せっかく発想が浮かんでも、何もしなければいい仮説かどうか永遠にわかりません。仮説が立ったら即実行、まず実践してみる。この

スピード感が大切です。日本企業の悪い面はプランの段階で時間を取り過ぎていることです。しかも本部がプランを考えるので、現場に下りて来るまでに色あせてしまっています。

③検証＝実践してみた仮説に対する「手ごたえ」を現場で検証します。仮説が間違っていることもありますが、「計画ではなく発想の実践」、もっとお氣楽にいえば「念い付きを試してみただけ」の段階ですから、間違っていても落ち込む必要はありません。

④徹底実践　または　修正実践＝ここが重要なポイントです。計画として生かせる仮説か、単なる念いつきかの分かれ道でもあります。「手ごたえ」がよかった仮説は徹底的に実践し、新たな成功事例を創ります。「手ごたえ」が悪かった仮説は、どこが悪いのか、どう修正すれば「手ごたえ」がよくなるかを徹底的に検証し、成功事例となるまで修正実践します。

⑤ＷＳＲ成功事例＝以上の①～④のサイクルを実践することで「ＷＳＲ（世界へ驚きの非日常『感動』を提供する）成功事例」が生まれるのです。

⑥**共有**＝ＷＳＲの成功事例は、職場単位、会社単位ではなく、寿スピリッツグループ全体で共有します。一つの成功事例を一つの事例で終わらせず、さらにシンカさせるために、各社、各現場で新しい発想（仮説）につなげていくことに大きな意義があるからです。つまり「ＷＳＲ成功サイクルをスピード感をもって回し、新たな発想を次々と生み出していく」、そのシンカの循環こそが「全員参画の超現場主義」の肝であり、グループ全体の価値を最大化する原動力なのです。

35 売上は最大の宣伝活動

『こづち』には、「売上は最大の宣伝活動」と書いてあります。売上とは、お菓子の売上だけではありません。お客様は美味しくて氣に入ってくだされば必ずリピーターになってくれます。ですから、「今日の売上＝試食」であり、「今日の試食＝明日の売上」につながるのです。

当社の商品は、ただの「お土産菓子」ではなく「プレミアムギフトスイーツ」です。

――試食して美味しかったので買いました。お友達へのプレゼントに、自分へのご褒美に買ってみました。プレゼントをもらった人は、あまりに美味しかったので自分でも買いました――こうした循環を創り出していくのです。

今日の売上を明日の売上につなげる

私は、今日よりも明日、明日よりも明後日、今年よりも来年が大事だ、と考えています。売上が上がっていく仕組みもここにあります。

もちろん、今日の売上は今日のために重要ですが、もっと大事なのは、それが未来につながっていくものかどうかなのです。

当社の商品は大手メーカーの商品のように、新聞やテレビ、インターネット、折り込み広告、ＤＭ広告を湯水のごとく垂れ流して売りさばくものではありません。どんなに非効率でも、たとえ遠回りでも、地道に着実に口コミで広げていく販促しかできません。

今日は売上がドカンと上がったが、明日はズドンと落ちた、では意味がありません。売れることはいいことですが、例えば大阪万博で突出して売れても、終わったとたんにドンと下がるのでは全体のオペレーション上もよくないことです。短期的にドカンと売れ、エ場のラインを増強して人員も確保すると、売上が落ちたときは悲劇です。増やしたラインも従業員も簡単に縮小できないからです。

接客の工夫は山ほどある

だから何をすることが大切かというと、接客の「質の向上」です。

コロナ以後、売場ではお客様も店員もマスクをしています。お互いに微妙な表情がわからない。目を見るだけでどこまでお客様にコンタクトできるか。手振り身振りでどう表現できるか。大きな声で呼び込みができないなら、「いらっしゃいませ」の心をどうお客様に伝えていくのか——課題は山ほどあります。

お釣りを渡すときの渡し方一つとっても課題はあります。「ありがとうございました」という言葉とニュアンスが昨日よりも今日、午前よりも午後、レベルアップ、シンカしているお店は確実に成長します。反対に、反射的なマニュアル対応で「ありがとうございます」と言うだけの店とは大きな差が出てきます。これも超現場力の反映なのです。

日々、現場現場で考働しているのが当社の「超現場主義」であり「シンカ主義」なのです。日々、質の向上を図ることが力の源泉です。一定の品質のものをつくろうとか、一定の作業効率にしようとか、という考えは当社にはありません。常に、新たに「最高の商品」を創り、「最高の接客」をすることを目指しています。

新規売上に直結する出店戦略

羽田空港には、寿スピリッツグループのメープルマニア、コートクール、バターバトラー、東京ミルクチーズ工場、築地ちとせ等の店舗ありますが、店舗数としては12店舗の東京駅のほうが多い。飛行機よりも新幹線に乗る人数が圧倒的に多いのです。

東京駅は世界で一番土産菓子が売れる場所です。ここで勝たないと大きな数字が出ないので３店舗から12店舗に増やしました。アイボリッシュ、メープルマニア、ココリス、東京ミルクチーズ工場、フランセ、ネコシェフ、バターバトラー、イチゴショップ、あんバタ屋……改札口の内と外に12店舗。今後もっと増やしていく予定ですが、店舗数よりも「いい場所の確保」がポイントです。

お土産お菓子の単価は１５００円とか２０００円ですが、エキナカや空港ビルなどの人の流れが豊かな場所に店舗を確保できれば、各店舗で超絶な売上が期待できるでしょう。

36 株式市場での高評価のワケ

株価は企業の将来を評価したもの

今回のコロナ禍でわかったことは、当社は利益のわりに高く評価されていることです。この間の株価の動きを見ると、投資家、株式市場から「将来性が高く評価されている」ということがわかります。

株式相場は「企業の今」ではなく、「企業の明日」を見ます。例えばトヨタは2022年3月期決算で、売上高31兆3795億円（前年度比15・3％増）、営業利益2兆9956億円（前年度比36・3％増）の最高益を上げましたが、来期2023年3月期は売上こそ36兆円（今年度比9・9％増）ですが、営業利益は2兆4000億円でマイナス19・9％と予想されています。そのためか株価は決算発表後、下降トレンドです。つまり、現在の業績がどんなによくても、今後、下がる見通しがあると判断されると市場の評価は下がり「売り」氣配となります。将来の業績予想を見て、「買い」か「売り」かを判断するのが株式市場だからです。

東証プライム市場（２２２２）の当社の株価は「今」７７３０円ですが（２０２２年12月30日終値）、コロナ禍が一段落する「明日」にはマイナス要素がまったく見当たりません。市場はそれを見通しているのでしょう。２０２２年３月期決算の経常利益は29億円でしかないのに、株価の時価総額は２４０５億円（２０２２年12月30日終値時点）です。つまり、市場は「寿スピリッツは将来性がある企業グループだ」と評価しているのです。ありがたいことです。「全員参画の超現場主義」のお陰です。

株式会社の評価基準は、突き詰めて言えば「右肩上がりの利益をどう創れるか」です。市場はまず、「コロナでどれだけのダメージを受けるか」「コロナが収束しなかったらどうなるか」「コロナ禍がなかったらどのようになっていたか」を推測して評価します。

「緊急事態宣言、コロナ鎖国で土産菓子業界全滅」と考えた投資家もいると念いますが、市場はコロナ禍で厳しかった２０２２年３月期決算でも利益を上げた当社の姿を評価したのだろうし、投資家は、わが社の３年先を見て「買い」の判断をしたのでしょう。コロナ禍で私たちが３年先を見ながら考働していたように。

コロナ以前からずっと価格改定に着手

2022年は「もの皆上がる年」となりました。「ロシア・ウクライナ戦争で原油価格が高騰した」「小麦など原材料費が上がったので」「半導体の輸入ができない」等々、理由を掲げていますが、値上げをすれば売上が落ちることを知っているので、「みんなで値を上げれば怖くない」「値上げの波に乗り遅れるな」ということではないでしょうか。

じつは、私たちはコロナ以前からずっと値上げをしてきました。社内では「価格改定」と呼んでいますが、原材料費の値上がりはお客様には直接関係ないことですから「原材料が上がったから価格改定します」とは言いません。お客様にとって無関係なことを理由にした価格改定なんて私たちの辞書にはありません。

価格改定の根拠は、材料価格の転嫁ではなく、商品の品質レベルを上げたからです。

「昨日まで1000円で売っていたお菓子に、さらに300円の付加価値を加えることができたら明日から1200円で販売する」——これが私たちの考え方です。値段以上の価値を創って売価を上げるのですから、お客様は当然、納得してくださいます。お客様が「値上げしただけの価値がないぞ」と感じたら、その商品は売れません。

シンカを続けていれば価格改定はできる

製造過程のシンカ、商品そのもののシンカ、販売接客のシンカ――すべての場面でシンカし続け、お客様へ新たな喜びを創り提供することで売価を上げてきました。

「原材料が……」「国際情勢が……」などと他者のせいにした値上げとはまったく異なることをおわかりいただけると念います。値打ちがない商品は原価１０００円でつくっても５００円でしか売れません。しかし、値打ちがある商品ならば１万円でも売れるのです。

会社説明会などで学生さんから、「貴社の値上げ対応力はどうですか」と聞かれることがあります。私たちは胸を張ってこう答えます。

「お値段以上の満足をお客様に与えることができる商品を、自信をもって創っています。対応力は万全、何の問題もございません」

実際、寿製菓株式会社の壽城の主力商品「栃餅」は、発売当初1個85円（税別）でしたが１１５円（税別）となり、２０２２年4月に１２７円（税別）に価格改定しました。価格改定後も売上は上がっています。ルタオのドゥーブルフロマージュも、発売当初１２００円（税別）だったのが今では１７００円（税別）です。

他の業界でも、成長する元氣印の会社は、品質を上げていくことで毎年値上げしています。同じ「値上げ」でも、原価要因と売価要因とではまったく違います。ここが当社の最大の強味でしょう。だから、コロナ禍に際しても特別の経営戦略や対策を講じる必要がないのです。地道に泥臭く「全員参画の超現場主義」を貫くことで最高のパフォーマンスを生み出すことができます。

在庫品の売りさばきでは問題は解決しない

経営が厳しくなると在庫商品を安く売りさばく会社があります。コロナ禍中には、急遽「抱き合わせ2個入りパック」をつくってコンビニで売ったり、在庫商品を通販サイトで半値で売った会社もありました。全国の量販店にまで卸したギフト菓子メーカーもありました。なんとか売り抜こうとする氣持ちは理解できますが、ここを我慢できるかどうかが問題なのです。

羊羹の「とらや」さんや当社は我慢しました。「やせ我慢」ではありません。「売り急がない」ことを実践しただけです。「今日のメシを食うために、何が何でも売上を確保する」と、逆に「明日のメシが食えなくなる」のです。

コロナ直撃弾を浴びて一番苦しかったときでも、寿スピリッツグループは一切、安売りはしませんでした。競合の大手各社が、裏でディスカウントストアなどに商品を流して在庫減らしを画策していたことは承知しています。経費面を考えればそうする氣持ちはわかりますが、ここはじっと我慢のしどころです。

役員の給与は下げましたが社員の給与は完全に維持し、賞与も2020年には2か月分、2021年には4か月分支給しました。人財こそわが社の命だからです。

37 経営戦略は自ら考える

寿スピリッツの基本マインドは、「今日より明日をよくしよう」という考働力です。商品の品質、店舗、販売接客の方法……すべて昨日よりも今日、今日よりも明日、よりよくするための工夫をしています。それに加えて新しいことをオンしていきます。

全国どこのスーパーに行っても、どこのコンビニに行っても手に入るお菓子はたくさんあります。大量生産・大量販売・薄利多売を追求するメーカーに比べると、当社の商品は結構買いにくい。リアル店舗はせいぜい数店、多くても十数店。値段も高いし、自家消費商品のように頻繁に買うものではありません。「買いにくい商品」なのです。

エブリタイムイベントの破壊力

それでも右肩上がりの成長を続けることができている理由は「お客様が足を運んで買いに来てくださる」からです。言い換えれば、「わざわざ買いに来るだけの価値を提供しているから」と自負しています。

最近の当社の合言葉は「エブリタイムイベント」です。

お土産お菓子の特徴ですが、クリスマスとかバレンタインデーはよく売れます。日本全国を巻き込んだ一大イベントですから当然です。イベントデーにはお菓子が売れるなら、「毎日をイベントデーにすればいいじゃないか」というのが寿的発想なのです。これを昔から「祭りごと販売」と言っています。

「艱難汝《かんなんなんじ》を玉にす」という諺がありますが、当社は社会経済環境が厳しくなればなるほど強くなります。それをコロナ禍で改めて実感しましたが、現場力が強い会社は必ず這い上がることができるのです。

経営戦略は自ら考え編み出していく

経営戦略や営業戦略の立案を外部のコンサルタント会社に委託している会社がありま

す。私はそれが不思議でならないのです。自分たちの会社の経営戦略ですよ。なぜ自分たちで創らないのですか？　能力がないのか、創る氣がないのか――本氣で経営する意思がまったく感じられません。そんな姿勢なら、コンサルタント会社に会社ごと売ってしまえばいいとさえ念います。

あるコンサルタント会社は米子の壽城に行き、「このビジネスモデルは成り立たない」と言ったそうです。別のコンサルタント会社は小樽のルタオに行き、「ここは僕が指導した」とうそぶいたと言います。

「冗談じゃない、私も寿スピリッツグループも、一度もコンサルタント会社に依頼したことはありません。壽城のビジネスモデルは完璧に成功し、山陰観光に訪れる方の名所となっています。甘いお菓子を売っている業界ですが、「コンサルタントに依頼すればうまくいく」といった甘い業界ではありません。

会社は人間の集まり、集合体です。個々の人間の生き方の根本は「毎日、生き生きと志事をしていくこと」だと念います。上司に言われたことを黙々とこなす生き方がいいのか、自分の頭で考え、志事を楽しみ日々努力する生き方がいいのか、答えは明らかではないでしょうか。

でも、聞くところによると、コンサルタント会社にはそんな問題意識はまったくないようです。ただただ他社の成功事例をアレンジ、味付けして〝指導〟という名でコンサルとしての意見を開陳するだけのようです。

「経験知」は考働によって蓄積される

先に述べた「エブリタイムイベント」の戦術は現場から湧き出てきたものです。日々アイデアや戦術を考えながらいろんな試行錯誤をして、それらを実践していくと、自ずと「経験知」が蓄積されていくものです。これこそが現場から生まれた知恵の財産です。

こんな貴重な財産づくりをコンサルタントなど他人まかせにしていいのでしょうか。コンサルタントは自分が持っている知識や経験で「こういうケースではこんなことをやってみてはどうか」とアイデアを出してきますが、現場からにじみ出てきたものではないので、アイデアの多くは現場にすんなり受け入れられないものが多いのです。

「アイデアはいいかもしれないが、何となくしっくりこない……」。これは仕方のないことです。いつも現場にいる当事者が必死になって考え、実践するからこそつかみ得るノウハウやアイデアは、これこそが生きた戦略であり戦術なのです。

現場の知恵とかアイデアというものは、何もないところからパッと思いついたり閃いたりして出てくるものではありません。常日頃からアンテナを張り、考働し続けていくと経験知が蓄積されているので、その経験知が生かされている戦略戦術やアイデアは有効なものになっていくのです。

また、「直感力」という能力は、何もないところから湧き出てくるものではないと思います。考えて考えてあれこれ模索し、実践し、改善したりして蓄積された経験知があればこその直感力です。こうした直感力を磨くためにも経験知を蓄積させておく必要があるのです。

エピローグ

シンカする超現場力

現場は躍動する（三つの事例）

2022年12月8日、東京新橋のニッショーホールにおいて、「第18回寿スピリッツグループこづち発表全国大会に向けたシュクレイ予選決勝」が開催されました。

この発表会では、16人がそれぞれの〝超現場力〟を発表し、このうち3人が全国大会に出場することが決まりましたが、本書の締めくくりとして、その発表内容を紹介しましょう。

志をひとつにして取り組む

株式会社シュクレイ
東京ミルクチーズ工場　羽田空港第2ターミナル店　Sさん

2022年4月8日、期待と少しの不安に胸を躍らせながら、私は東京ミルクチーズ工場に入店しました。

入店してまず驚いたのは、売場の同志全員が同じベクトルを向いていること。スタンプカードの100%徹底配布、プラスワンキャンペーンのお勧めの徹底など、全員が抜かりなく実践していることに感動するとともに、プレッシャーも感じていました。

それでも、レベルの高い売場に配属された自分はツイてると、入社から半年間走り抜けてきました。

7月には、待望の羽田限定商品「ミルクチーズブッセ」が発売開始。「羽田限定商品」「本日から発売」「ここでしか買えない」などのキラーワードを駆使し、発売初日から午後1時には完売の大好評。そんな超絶販売により、7月中は個数制限を設けた数量限定販売となりました。店長、副店長から「他の商品よりブッセを推していこう」「羽田の他の店より早くブッセを完売させたい」とお聞きしたことで、私もブッセを一番にと、決意を固めました。

私は早番シフトが多かったので、朝一からブッセの全力販売をすると心に誓い、閑散としている朝でも中番の出勤までにブッセ20個販売と目標を設定しました。

そんな矢先に、私はブッセの超絶販売の壁にぶつかることになりました。発売初日から3週間ほどは、羽田限定推しで勢いのあった売れ行きが落ち着いてきたのです。

1時前には完売していたブッセが午後5時頃まで残る日もありました。8月に入っても、早番の目標20個には届かず、10個や13個止まりの日が続きました。

ブッセの手持ち看板が届いておらず、クッキーの看板を持ちながら試食配りをしていると、お客様もクッキーのほうへ流れていきました。お客様にブッセのお勧めをした際に、「う〜ん、だって味がわからないし……」とお断りされてしまったこともありました。

なぜブッセの購入につながらないのか、どうすれば売れるのか、店長と副店長から教えてもらった「氣づきノート」で、私なりの仮説を立て、実践しました。

仮説①ブッセの魅力を言葉で伝える

これまでの自分の考働を省みたとき、自分が試食に頼り切っていたことを痛感しました。クッキーのように試食がなくても買いたいと念っていただくためには、ブッセの魅力を言葉で伝える必要がありました。

そこで私は、「スポンジはふわふわで優しい甘さ、甘じょっぱいクリームがやみつき、クリームたっぷりで食べ応えがある」とシズル言葉で紹介すると、お客様からも「へえ、美味しそう。甘すぎなくてよさそうね」とプラスの反応が返ってきました。

また、人氣のクッキーと同じチーズを使用していることを伝えながら、クッキーの試食を渡すことで、クッキーとブッセをリンクさせて味を想像していただけるようになりました。

仮説②「今ここで買わなければ」と念っていただく

1日のブッセの売れ行きを見ても、明らかに朝の時間が弱く、朝は「今ここで」という必然性がないことが原因だと考え、プラス版のお声掛けに工夫を凝らしました。早番シフトの朝6時から9時の時間帯には、「昼過ぎには完売してしまいます」と声を掛けます。

仮設③ブッセのデコボコ陳列

これまでブッセは目立たせるために平台に山盛り陳列。アイキャッチにはなっているものの、売れてる感、数量限定感が薄れていました。そこで、あえて10個未満と少なく、かつデコボコに陳列することで、朝一からアピールしました。

仮説④ 早い時間からのPOPの活用

ポップは12時から設置し、昼過ぎから夕方にかけてブッセの販売促進をしていました。しかし、朝の早い段階から設置することで、お客様の目を引くようにしました。朝の売場で20個販売という目標に向けてたった一人売場に立ち、試行錯誤の連続でした。

羽田限定というキーワードに頼り切っていたとき、午前中10個近くしか売れなかったブッセが「氣づきノート」の仮説を実践するうちに、15個、18個と増えて、1週間後にはついに目標数20個を超えるようになりました。

さらなるブッセ販売強化のため、同志全員にブッセを浸透させたい氣持ちと、入社したばかりの私が「こうしてください」とお願いしてもいいのかという氣持ちが葛藤していました。そこで、まずは私自身が誰よりもブッセの超絶販売を実践することで、同志を巻き込もうと考えました。

私は入社してから同志の姿を見て、たくさんのプラスの影響を受けてきました。言葉で伝えるより考働で示すことで、私も他の同志にプラスの影響を与えられると念ったからです。

やっと届いたブッセの手持ち看板に、「連日完売」のＰＯＰを付けたり、お客様に「常温で3週間もお日持ちします」とご案内。と同時に、同志とコミュニケーションをとるうちに、私がお願いせずとも「連日完売」「常温で長持ちアピール」、そして「デコボコ陳列」が当たり前になされるようになりました。

8月後半には、コロナにより店長と副店長が不在、社員が私一人キツイてる状況のなか、自分が店長になったつもりで売場に臨み、ブッセの超絶販売を実践。それが私の志事であり、同志の心を一つに導くことこそが使命である、と自分を鼓舞しました。

電光石火のごとく過ぎ去った繁忙期7月には、11・3％だったブッセの売上構成比は、8月には17・9％、商品別売上順位は2位となり、店舗の単月過去最高売上を突破しました。

9月もブッセの販売強化の継続。このときは売上構成比20％まであと2・1％、同志一丸となれば必ず20％を突破できると私は確信していました。全員がブッセのプラスワンを徹底して実践し、外試食からも中試食からもブッセを推すことで、お客様は自分の前に並んでいる人がブッセを買ったら自分も買う、という連鎖が起きるようになりました。その結果、9月には売上構成比22・5％を突破、商品別売上順位はついに1位となりました。

12月7日時点で、12月のブッセ売上構成比22・6％。1週間で1369個、売上は164万2800円。もちろん1位です。胸を張って、ダントツ一番人氣は「東京ミルクチーズ工場のブッセ」と言えるようになりました。

入社から8か月、温かな同志に囲まれながら、店舗運営は決して一人ではやっていけないこと、志を一つにして全員のベクトルを合わせることの大切さを実感しました。

この12月には昨年12月の単日過去最高売上、単月過去最高売上を必ず突破いたします。

最後に、入社から1年となる来年の4月、私は周囲を巻き込んでプラスの方向へ導く「副店長」になることをここに宣言いたします。

自分が変わる

販売1部販売1課　ココリス グランスタ東京店
店長　Hさん

2021年11月1日付けで、「ココリス」グランスタ東京店に異動し、早1年が経ちました。

今までさまざまな困難にぶつかり、その都度氣づきや学びがありましたが、あらためてこの1年間を振り返ると、自分を認めて向き合い、同志たちと信頼関係を構築することを大切にしてきた1年間でした。

ココリスでは、15分単位の作業指示書を作成しています。これは、大人数のスムーズな効率運営を実現するための1日の地図のようなものです。しかし、最初は同志の次の場所がどこなのか、自分は次、どのポジションに入ればいいのかさえ把握できませんでした。

1日3回の再入荷。どの商品を何時からカウントダウンし、何時に完売させるのか、1年前はまったく覚えられず、同志に指示を出すどころか、私は同志たちについていくのに精一杯でした。

それに加えて、毎月行なっている幹部ミーティングでは、S店長代理とW副店長の精度の高い話についていけず、こんな頼りない店長で申し訳ないという氣持ちとともに、何をしたらいいかわからず、ただただ二人の話を聞いてるだけの日々が続きました。

そんななか、異動したばかりのタイミングに、JR東京ステーション様との商談に同席した際、「前任のT店長はココリスを東京駅売上1位にすることだけを考えて走っていました」とおっしゃっていて、T店長の覚悟と執念に私は驚きました。

その後を自分なんかが継いでいいのだろうか。本当にやれるのだろうか。私が東京駅売上1位の記録更新を止めたらどうしようと不安でいっぱいでした。同志たちの面談では、T店長の存在が大きいことがわかりました。実際の志事のなかで、どれだけすごい店長だったのかを目の当たりにし、私は同志から同じように店長として認めてもらえるのだろうかと悩みました。

「なんで私がココリスの店長なんだろう」「私は同志の足を引っ張ってしまっているし、他の人が店長になったほうが同志も幸せなんじゃないか」と勝手にいろんな人と自分を比較し、どんどん自信がなくなり、志事が辛いと念うようになってしまいました。

こんなマイナスな自分を変えたくて、Mマネージャーと月に1回行なっている打ち合わせで、何度も何度も話を聞いてもらいました。そうして話すことにより、なんでそう念うのか、今自分に何が足りていないのか、もっとできることはあるのではないか……今までの自分の常識を捨て、できない自分を認め、自分自身を振り返ることができました。

そして迎えた2021年12月の繁忙期。わからないことは同志が教えてくれて、たくさんフォローをしてくれました。一番大変だったのは、超繁忙期に慣れない店長の下で支えてくれた同志だったと今でも念います。

どんなに辛くても、どんなに不安でも、どんなに忙しくても、絶対にいつも笑顔で言おう、自分自身がココリスの店長を楽しむことで同志にきっと伝わるはず、自信をもって取り組むことで、同志を安心させてあげられる、とガムシャラに駆け抜けた12月でした。

そして、12月の実績は、ココリス初の1億円突破、単日、単月ともに過去最高実績を更新し、やっとココリスの店長と名乗ってもいいと念いました。

12月、1月と順調に推移し、東京駅売上ランキング9か月連続1位を更新することができました。しかし、２０２２年２月、まん延防止等重点措置が発令されてから東京駅に人がばったりといなくなってしまい、２月の売上ランキングは２位という結果に終わり、連続１位の記録更新を止めてしまいました。

ここでまた、私は心が折れてしまいます。やっぱり私が店長になったから、連続１位の記録更新を止めてしまったんだ。

しかし私は、ココリスを再び東京駅１位にすることを諦めませんでした。どうしたらまた東京駅１位に返り咲くことができるのか。３月からは氣持ちを入れ替えて、「絶対にまた１位を取る」という氣持ちはＳ店長代理とＷ副店長も同じで、３人でたくさんの対策を立案しました。

そして、賛同してくれた同志たちを信じてやるべきことをやる、諦めずに必ずトップを取る、１位に返り咲く、という執念で全員が取り組んできました。その結果、今では２０２２年３月から先月の11月まで９か月連続売上１位を更新し続けています。

１位で居続けることがどれだけ大変か――ココリスは立地も素晴らしいですが、それだけではなく、同志がどれだけ頑張ってくれているのかがわかった１年でした。

昨年のこづち発表で、私は同志との信頼関係を構築し、心の支えになる店長を目指すことを宣言しました。１年前の自分は不安でいっぱいで、やり遂げる自信がなかったと念います。1年後の自分は、私一人で闘っているのではなく、私にはココリスの同志とMマネージャーという強い味方がいてくれることに氣づくことができました。

他人と比べないことで心が楽になり、自分自身完璧ではないからこそ、日々シンカしていく。また、自分が変わることも大切ですが、今までの自分を信じて向き合う大切さ、未来の自分をイメージすることの大切さがわかりました。同志とのかかわりで意識していることは、一人ひとりと向き合い、私がいないと困ると念ってもらえるよう、同志にとっていつでもプラスの影響を発信できる人でありたいと意識しています。

そして、徐々に同志が心を開いてくれるようになり、相談してくれるようになりました。ココリスは全員が主役で、誰一人欠けてもチームとして成り立ちません。今でも同志の定着率は100％です。まだまだ店長として未熟ですが、やっとココリスの店長として板についてきたように念います。

来年2023年1月のこづち発表では、東京駅売上ランキング19か月連続1位を実現し、2022年12月単月、過去最高売上を突破することをここに宣言いたします。

そして、現状に満足せず、同志とともにシンカし続け、ココリスというブランドをメープルマニアのように5年、10年先もお客様から愛されるブランドにし、東京駅地区で全体にプラスの影響を発信し続けてまいります。

理念の浸透に心血を注ぐ

海外事業統括部　海外推進課　海外推進チーム
統括リーダー　Iさん

「寿スピリッツは精神論、綺麗事ばかり。そんなんじゃ、売上なんて伸びない！」

これは中国のパートナー企業に言われた言葉です。

コロナ禍の中国では、クレームが次々と発生しました。どれだけたくさんのクレームに接しても、「コロナのせい」「従業員のせい」……現実に向き合わず、真剣に取り組まないパートナーの態度が、私は一番許せませんでした。

海外のフランチャイズパートナーを選ぶ際に、大切にしていることがあります。それは、私たちの経営理念に共感していただけるかどうかです。

（私たちと契約を取りつけるまでは、どうせ綺麗事を口で並べて、心の底では有名なブランドで一儲けできる、とでも念っててるんだろう）

私は怒り浸透でした。

当時、私は東京ミルクチーズ工場10周年のプロジェクトリーダー。ブランド価値を向上させようと旗を振っているにもかかわらず、自分の本拠地で大好きなブランドが日々ボロボロに傷ついていく現状が悔しく、情けなく、シュクレイの同志には、大事なブランドを傷つけて申し訳ないという氣持ちでいっぱいでした。

コロナでわれわれが現地に行けないなか、中国に一時帰国していた同志のSさんが、今後の改善のために、一人中国のパートナー企業に向かってくれました。

このときのことです。私の予感が的中します。冒頭で述べたセリフがSさんに向かって放たれました。私の怒りのボルテージは振り切れました。

売上が伸びているならまだしも、クレームだらけで既存店は右肩下がり。（私たちの大事なブランドを背負ってあなたたちに商売する資格なんてない。もう一切かかわりたくない）という状況。

言いたいことはわからなくはない。「でも、そうじゃないでしょ」というところまで歩み寄れるようになったのは、今年の1月にB先生の特別幹部研修が始まり、多くの氣づきを得たからです。

研修の冒頭で先生に指摘されたことは、次のことでした。

「Iさんが怖い顔をしていたら、せっかくの可愛い牛さんのブランドが怖くなっちゃうよ。志事感の低い人、できない人をレベルが低いと決めつけて切り捨ててはいけない。学んでいない、知らないだけ。知らない人には教えてあげるのが幹部の役目だよ」

私がまず取り組んだのは、相手のアウトプットではなく、自分にベクトルを向けた自己変革の考働です。一番腹落ちしていなかったことです。許し、認める。毎朝1か月ずっと『こづち』を読み、ひたすら自分と現実に起こっていることと向き合い続けました。

パートナー企業には、それぞれの理念、方針があります。彼らの考えを尊重しながら、ベストな答えを導き出していくことの繰り返しです。ときには自分が提案したことが押しつけにはなっていなかっただろうかと念ったり、遠慮しすぎて言いたかったことが全部言えなかったこともありました。

中国のパートナー企業は、完璧なマニュアルがあれば、現場は勝手に回っていくと考えていました。だから、何か問題が起こると標的になるのは「マニュアル」です。

そのマニュアルを整備し、この2年で素晴らしいマニュアルはできました。しかし、接客と品質はその真逆です。マニュアルが原因じゃないからです。血の通った経営理念がないからです。従業員が何のために志事をしているかわからないからです。

従業員が失敗したら理由も聞かずに一方的に罰を与える。うまくできない人がいたら、一緒に自分が現場に行ってやってみせるのではなく、防犯カメラで「誰が失敗したんだ」と犯人探し。私たちが大切にしている同志とのかかわりは、そこには一切ありませんでした。それでも、この期に及んでマニュアルだという。

（そんなんだからダメなんだよ！　従業員はロボットじゃない！）

本当はそう言いたかったです。次から次へと込み上げてくるものを抑え、今一番必要な言葉は何なのだと自分にひたすら問いかけました。

「これだけ素晴らしいマニュアルがあるんだから、それでも改善していないということは他に原因があるはず、一緒に考えましょう」

私が言えた、精一杯の一言でした。

研修を通じて、私は感情として言いたいことと志事として伝えなければいけないこと、この線引きがうまくできていないから、正体のわからないものにいつもイライラしていたのだと氣づきました。

海外ビジネスは、有名になったブランドに声がかかります。そのため、一見、商品だけが評価されたように見えがちです。しかし、いい商品だからといって、そこら辺に置いておけば売れるものではありません。たくさんの同志の念いと、創意工夫と努力が積み重なっての結果であり、つまりは経営理念を体現したものに魅力を感じていただいている、ということです。

ここでようやく私は、経営理念とは何なのかがわかっていなかったのは自分だということに氣づきました。極端なことを言えば、われわれの経営理念を綺麗事だと揶揄しようとも、私たちの商品、そしてブランドを魅力的だなと感じたら、その瞬間にその人はすでに私たちの経営理念に心を奪われていたということではないでしょうか。

コロナ禍の逆境でも結果を出し続けた国もあります。そういったパートナー企業に共通して言えることは、『こづち』と相通ずることを実践し続けていた、ということです。

こういったパートナー企業さんの姿からは、私たちの経営理念や経営哲学は、この社会にとって普遍的で大切なものであるということを改めて教えていただきました。

できないことを並べて終わってしまうのか、理念の浸透に心血を注ぎ、何が何でも新しい道を切り拓くのかは、相手がどうこうではない、自分の覚悟次第だと自分を奮い立たせました。

毎月、チームでこづちのテーマを設定し、原因を突き止めて改善を積み重ね、上半期はマスタープラン110％で着地。4年前から取り組みを開始したギフト需要では、コロナ禍で総店舗数が減少したにもかかわらず、輸出高は過去最高をたたき出すことができました。

今月のわがチームのこづちのテーマは、「最初決済主義」です。一度ビジネスを始めたら、簡単に契約解除とはいきません。これまでの5年間で学んだいいことも悪いこともすべて含めて、今後の海外事業について、改めて再重要項目をみんなで見極めようという念いを込めて、Oさんが選んでくれました。

私の愛する海外事業統括部の同志とともに、今期の年間のマスタープランを突破いたします。

シンカする人財、シンカする現場、シンカする会社

最初の発表者、羽田空港で新商品の販売に超絶な工夫と努力を続けているSさん。彼女は2022年4月に入社したばかりの即戦力社員です。「スゴイ！」と念いませんか？お客様が少ない早番でも自ら「20個完売」の目標を立て、いろんな仮説を立てて即実践し、店長、副店長がコロナで不在でも、現場の同志を巻き込みながら目標以上のことを成し遂げる。超絶すごい即戦力社員だと感心しました。

二番目、激戦の東京駅でココリスの店長になったHさんは、相当なプレッシャーがあっただろうと念います。なにせ本書の第2章で紹介したTさんが、「東京駅第1位」を獲得した店の店長だったからです。前店長の業績が大きければ大きいほど、後任店長の実績は比べられてしまいます。実際にHさんは「自分が店長でいいのだろうか」と悩みました。しかし、単に実績を前任者と比べるのではなく、チームとして現場力を上げていくには自分が変わらなければならないと氣づき、その後は前任者にもまして大きな成績を残せるようになりました。

三番目のIさんは、寿スピリッツグループの海外戦略の要にいる人財です。『こづち』

では、「あなたがいないと困ると念われる存在になる」と教えています。Iさんはまさにそういう人財です。Iさんの苦労は本書の第3章でも紹介されています。いま一度読んでみてください。海外事業は今後の寿スピリッツグループの長期戦略にとって重要な位置を占めます。Iさんが克服してきた多くの課題から得られた教訓は、間違いなく寿スピリッツグループの貴重な財産になるものです。

こうした現場力のすごい実例を聞いていると、現場の知恵に感心するやら、感動して涙なしでは聞けない内容もあったり、本当に現場力というのは想像以上のものがあります。そして、人財がシンカしていけば現場もシンカし、その結果、会社も自ずとシンカしていくと私は確信しています。こうして全員参画の超現場主義は「超絶な経営」を実現してくれるのです。

あとがき

昭和27年（1952年）、鳥取県米子市で生まれた観光土産菓子メーカー、あの「因幡の白うさぎ」の寿製菓株式会社が、今では北海道から東京、九州、海外では台湾、中国、インドネシア、オーストラリア・メルボルンなどに拠点を持つ国際的食品会社に成長いたしました。

製造・小売・卸業を原業として成長してきたグループ純粋持株会社の寿スピリッツ株式会社には、もう一つ「老舗お菓子屋さん再建会社」の顔があります。企業買収（M＆A）によって老舗の菓子会社を再生し、「全国各地のお菓子のオリジナルブランドとショップブランドを創造するお菓子の総合プロデューサー」へとシンカしています。

長年、地元の人々に愛されてきた老舗のお菓子屋さんが、何かの事情で経営に行き詰まり、従業員の雇用が維持できずブランドが消え去る危機に陥ることがあります。そんなときに、従業員の皆さんの持つ現場力とブランド力を引き継ぎ、従業員の意識改革と商品の見直しをすると、従業員に笑顔が戻り老舗企業が再生する――そんな再生力も寿スピリッツグループ全体の底上げにつながっています。

当社のM＆Aは、北海道・千歳で廃業寸前だったチョコレート工場の買収劇から始まりました。それが北海道の「ルタオ」ブランドとなり、その後、東京の「築地ちとせ」、九州の「九十九島せんぺい」、関東の「フランセ」などの再生M＆Aにつながりました。幸いなことに、こうした各地の有名菓子店の再生を契機に製造販売拠点は全国に拡大され、ヒューマンパワーが源泉のごとく湧き続けています。

寿スピリッツは発展途上の会社

「御社の成長の要因を教えてください」――経営者仲間やメディアの方からこう聞かれます。私は「まだまだ発展途上の会社です」と遠慮がちに答えていますが、内心では、本書のタイトルのように、全員参画の超現場主義による「超絶経営」が成長の源泉であるとの自信と確信をもっています。

「喜びを創り 喜びを提供する」との経営理念の下、「高い価値の創造」をテーマに掲げて美味しさと品質にこだわった商品を創り続ける。地域のマーケット特性にマッチしたプレミアムギフトスイーツを永続的に提供できる製造販売体制を完備する。各地の文化と伝統が練り込まれた地域ブランドに新たな価値を付け加える。そんな努力を続けた結果が今日のグループ企業の姿形を生み出しました。

M&Aに関しても、すべて100%うまくいったわけではありません。赤字会社の立て直しにはハードルがたくさんあります。一番大きなハードルは従業員の心の中の「挫折感」です。会社がなくなった「失望感」「将来への不安」に続く負のスパイラルが心の中に生まれてしまいます。

それを払拭するためには氣持ちの切り替えが大切です。明日の希望を見つけること、そのキーワードが「経営理念の共有」なのです。経営者・管理職・現場長・現場スタッフ……会社を構成するすべての人財が経営理念を共有できれば、人も会社も再建できます。そこで必要なアイテムは「共通の言葉」と「共通の認識」です。本書冒頭の「お元氣様です」という言葉にも、その魔法の力が内在されています。

また、寿スピリッツは「お客様第一主義」はとりません。「従業員第一主義」の立場をとります。お客様も従業員も両方大事ですが、あえて言えば従業員のほうが大事なのです。株式会社は「利益を生み出すこと」が目的ですが、その前提として「一人ひとりの従業員の幸せを実現する」ことがなければなりません。

「築地ちとせ」「九十九島せんぺい」「フランセ」などの買収に際して、従業員には『こづち』に明記された経営理念をしっかり理解してもらったうえで再雇用しています。

当然、当初は戸惑いもあります。しかし、当社の理念に共感して同志となってくれた従業員は、昼夜をおかずに社業に励んでくれています。その成果は売上、利益の数字にハッキリ表れます。「本氣でない経営者」「本氣でない現場長」の下で、「本氣で働きたい」と念う人はいませんからね。

「今日一人熱狂的なファンを創る」の真の意味

当社の強味は即戦力社員から中途入社、買収会社の社員まで、みんなが「全員参画の超現場主義」の経営を実践していることです。一人ひとりが活躍できる職場、一人ひとりが生きがいをもって志事する会社……このような従業員満足を経営の中心に据えていることが今の成長に直結していると自負しています。

「今日一人熱狂的なファンを創る」のが私たちの使命です。「喜びを創り喜びを提供する」経営理念に基づいたスローガンですが、「熱狂的ファン」はもちろんお客様を指しますが、じつはその百倍大事なのが従業員同志の「熱狂的ファン」創りなのです。従業員自身がお互いを「熱狂的ファン」にする。これこそが大切なのです。それぞれの志事ぶり、志事をする後ろ姿……それを見た同志が熱狂的ファンになる。

従業員同志がお互いに熱狂的なファンになろうとすれば、職場の人間関係は当然、円滑そのものになります。接客態度、接客のレベル、好感度が互いに刺激し合って向上するので、お客様も喜び、売場と店員の熱狂的ファンとなります。つまり、熱狂的なファン創りで百倍大事なことは、共に働く同志にファンになってもらうことなのです。

会社とは、一人ひとりの従業員が幸せになるための集団です。もちろん、経済的にも幸せにならなければいけませんが、志事そのものにやりがいがあり志事が楽しくなければ本当の幸せではありません。ただ上司から指示されたことをこなす毎日と、自分の頭で考え、身体で実践していく全員経営参画の志事では、どちらが生きがいのある充実した日々を送れるでしょうか。答えは言うまでもありません。従業員が生きがいに満ち、毎日の志事に明るく楽しく取り組む。その結果、会社の業績もよくなる。こんな好循環が生まれてくるのです。

最後になりましたが、本書を出版するにあたり多くの方々のご協力を賜りましたことに感謝いたします。なかでも執筆の指導をしてくださったジャーナリストの松尾信之氏、編集・出版の労を惜しまず世に問うてくださった株式会社マネジメント社の安田喜根社長には、この場をお借りしてお礼申し上げます。

そして、日々現場で超絶な奮闘をしている寿スピリッツ同志の皆さんと本書の理念を共有できれば、これにすぐる喜びはありません。

著者

寿スピリッツ株式会社

代表取締役社長：河越誠剛
設立：1952年（昭和27年）4月25日
本社：鳥取県米子市旗ケ崎2028番地
東京事務所：東京都港区北青山1－2－7　コウヅキキャピタルイースト4F
資本金：12億1700万円（2022年3月現在）
年間売上高：321億9100万円（連結ベース、2022年3月期）
従業員数：1507名（連結ベース、2022年3月現在）
事業内容：グループ子会社の経営管理・監督
株式上場：1994年11月（東証プライム2222）

〈著者紹介〉

河越 誠剛（かわごえ・せいごう）

寿スピリッツ株式会社代表取締役社長

昭和 35 年 11 月	鳥取県米子市生まれ。
昭和 58 年 3 月	京都産業大学卒業。
昭和 58 年 4 月	株式会社アイワールド入社。
昭和 62 年 4 月	寿製菓株式会社専務取締役に就任。
平成 6 年 6 月	同社代表取締役社長に就任。
平成 18 年 10 月	寿スピリッツ株式会社代表取締役社長に就任。

著書に『全員参画の最強理念経営』（PHP 研究所）がある。

寿スピリッツの超絶経営

2023年2月1日　初版　第1刷　発行

著　者　河越 誠剛
発行者　安田 喜根
発行所　株式会社 マネジメント社
東京都千代田区神田小川町 2-3-13 M&C ビル 3F
(〒 101-0052)
TEL 03-5280-2530(代表)　FAX 03-5280-2533
https://mgt-pb.co.jp
印　刷　中央精版印刷 株式会社

ISBN978-4-8378-0509-0 C0034
定価はカバーに表示してあります。
落丁本・乱丁本の場合はお取り替えいたします。